D1865818

Dr. Ingeborg Cernaj

Gelenkerkrankungen erfolgreich behandeln

Arthritis und Arthrose bei Erwachsenen und Kindern wirkungsvoll therapieren
Richtige Ernährung, Bewegung, Wasseranwendungen und Naturheilmittel

Südwest

Inhalt

Entzündungen der Gelenke können geheilt werden.

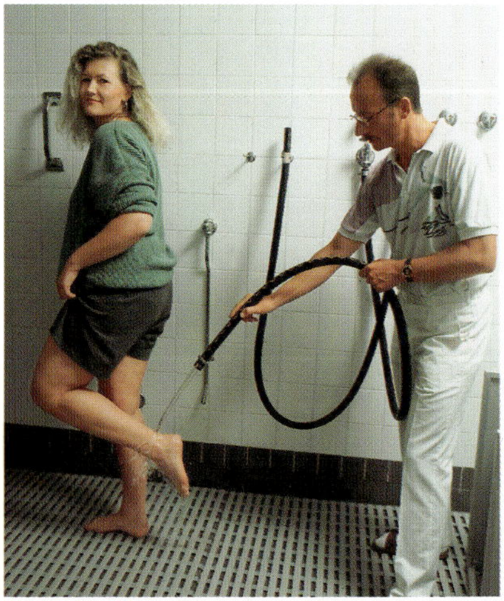

Mit Wasser gegen Gelenkerkrankungen.

Bewegung ist das A und O für Ihre Gelenke.

Enzyme unterstützen die Behandlung.

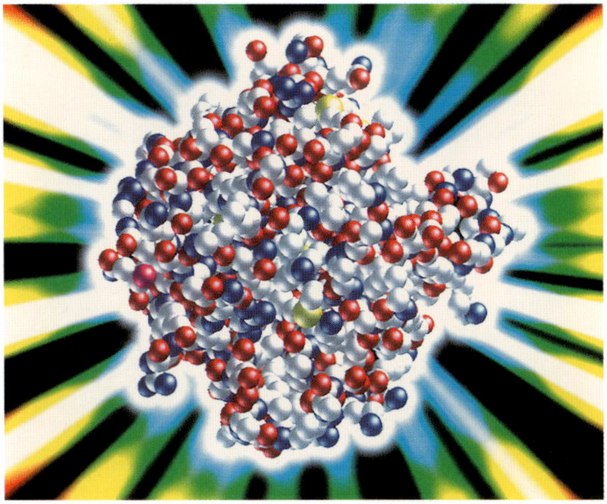

Vorwort

Immer häufiger trifft es auch junge Menschen: steifes Kreuz, schmerzende, geschwollene Gelenke, deformierte Knie oder Finger. Neueste Statistiken bestätigen es: Von den insgesamt etwa drei Millionen Arthritiskranken in Deutschland ist mittlerweile jeder zweite jünger als 35 Jahre!

Arthritiskranke fühlen sich oft aus gesellschaftlichen und beruflichen Zusammenhängen ausgeschlossen. Darunter leiden sie manchmal mehr als unter der Einschränkung ihrer Bewegungsfreiheit.

Von schmerzenden Gelenken bis zur Frührente

Die Krankheit hindert die Betroffenen oft daran, ein »normales« Leben zu führen: Schon das Tragen der Einkaufstasche oder die täglich anfallende Arbeit im Haushalt können ein Ding der Unmöglichkeit werden. Die andauernden Schmerzen führen zu gehäuften Ausfallzeiten im Beruf, im akuten Schub sogar zu Bettlägerigkeit. Bei sportlichen Veranstaltungen, Ausflügen oder Tanzpartys sind Arthritiskranke meistens zum Zuschauen verurteilt. Menschen, die an chronischer Arthritis leiden, müssen oft vorzeitig in Rente gehen – denn ein Wundermittel gegen die Arthritis wurde bisher noch nicht erfunden.

Das ist es, was den Betroffenen am meisten zu schaffen macht: Sie fühlen sich abgeschoben zu den hilflosen Alten – sie sind in ihrer Bewegungsfreiheit eingeschränkt, wetter- und kälteempfindlich, müssen sich schonen und können mit ihren Altersgenossen in Alltag und Freizeit oft nicht mehr mithalten.

Heilung ist möglich

Aber hilflos sind sie nicht! Auch wenn sie zunächst viele Fragen stellen. Was ist eigentlich eine Arthritis und wie entsteht sie? Welches sind die ersten Anzeichen der Krankheit?

Gibt es wirklich keine Möglichkeit, sie in den Griff zu kriegen? Was tun, wenn die Schmerzen zu stark werden? Welche Behandlungsmethoden stehen dem Arzt heute zur Verfügung? Was kann man selbst gegen die Arthritis tun – und wie kann man sich vor ihr schützen?

Was tun?

Dieses Buch soll helfen, Antworten auf diese und viele andere Fragen zu finden. Sie erfahren, wie sich die verschiedenen Formen der Arthritis ankündigen, wie sie heißen und wie sie heute behandelt werden.
Außerdem finden Sie zahlreiche Tips, Anleitungen und Ratschläge, wie Sie der Arthritis wirksam vorbeugen können und wie Sie – falls Sie an Arthritis leiden – die Krankheit erfolgreich in Schach halten können.

Sie werden feststellen, daß bei dieser Krankheit auch die Einstellung des Betroffenen mit darüber entscheidet, ob man die Krankheit in den Griff bekommt.

Wenn Sie auch im Alter noch fit und munter sind, dann ist das in erster Linie eine Frage gesunder Gelenke. Die Alterssteifheit ist beileibe kein Schicksal. Sie können früh dafür sorgen, daß Sie beweglich bleiben.

Gesunde Gelenke sind keine Frage des Alters.

Gelenkentzündung – eine harte Diagnose

Jung oder alt – jeden kann's treffen

Immer wieder reagieren Menschen ungläubig, wenn sie hören, daß junge Leute an Arthritis erkrankt sind. Häufig wird die Schuld dem behandelnden Arzt zugeschoben: Das darf doch nicht wahr sein, ein junger Mensch, und nun kann er ohne Krücken kaum noch laufen! Da stimmt doch etwas nicht! Tatsächlich stimmt da etwas nicht – doch keiner weiß genau, was. Die Arthritis gibt den Forschern, heute genauso wie schon vor Jahrhunderten, einige Rätsel auf. Die Krankheit ist seit langer Zeit bekannt, und seit langer Zeit sucht man umsonst nach einer Möglichkeit, sie zu heilen. Soviel scheint festzustehen: Es ist das Immunsystem, in dem etwas falsch läuft, wenn die Arthritis auftritt. Vermutlich greifen die Abwehrkräfte des Körpers die eigenen Gelenke an.

Die Arthritis bricht ohne Rücksicht auf das Alter des Patienten aus. Das ist der auffälligste Unterschied zur degenerativen Arthrose bei alten Menschen, bei der die Gelenke einfach durch jahrzehntelange Abnutzung verschlissen sind und weh tun.

Arthritis oder Arthrose?

- Arthritis ist der Fachausdruck für »Gelenkentzündung«. Diese Bezeichnung steht für ein Sammelsurium verschiedenster Krankheiten, für die eine Entzündung der Gelenke symptomatisch ist.
- Die Arthrose dagegen entsteht, wenn sich Gelenke – meist einfach aufgrund des Alters des Patienten – abgenutzt haben.
- Die Anzeichen selbst – die geschwollenen Gelenke, die von der Entzündung verursachten Schmerzen, die Steife – sind jeweils die gleichen.

Viele Ursachen sind möglich

Die auslösende Ursache ist bei den allermeisten Arthritisformen unbekannt. An der Entstehung der Krankheit sind vermutlich mehrere Faktoren beteiligt: Eine genetische (also angeborene) Anfälligkeit für Gelenkentzündungen, Virus- und bakterielle Infektionen, falsche Ernährung und andere ungünstige Begleitumstände können den Ausbruch einer Arthritis begünstigen.

Wichtig
Auch eine Arthrose kann sich durch immer wiederkehrende entzündliche Schübe bemerkbar machen. Die Behandlung entspricht dann einer Arthritistherapie.

Die bekanntesten Formen der Arthritis

- Chronische Polyarthritis (rheumatoide Arthritis)
- Bechterewsche Krankheit
- Gicht
- Juvenile Arthritis
- Reaktive Arthritiden
- Angeborene Arthritis (Alkaptonurie)

Chronische Polyarthritis

Die chronische Polyarthritis (auch rheumatoide Arthritis genannt) ist die bei jüngeren Menschen am häufigsten vorkommende chronische Gelenkentzündung. Scheinbar ohne jeden Grund beginnen die Gelenke der Erkrankten zu schmerzen; später können sichtbare Verformungen und Bewegungseinschränkungen hinzukommen. Meist sind mehrere Gelenke betroffen, daher die Bezeichnung »*Poly*arthritis«.

Steife und geschwollene Gelenke gelten als sichere Anzeichen für eine Arthritiserkrankung.

Erste Anzeichen

Die ersten Anzeichen der chronischen Polyarthritis sind steife Gelenke, insbesondere morgens nach dem Aufstehen. Von Zeit zu Zeit schwellen ein oder mehrere Gelenke an und beginnen zu schmerzen. Ein akuter Schub kann einige Tage oder auch Wochen dauern; dann flaut er wieder ab. Mit der Zeit stellen sich die Schübe immer häufiger ein, die Schwellung bleibt immer länger bestehen, bis sie sich schließlich nicht mehr zurückbildet – die Arthritis ist chronisch geworden.

Ein hartes Los

Obwohl die chronische Polyarthritis keine lebensbedrohliche Krankheit ist, kann sie für die Betroffenen ein hartes Schicksal sein.

- Die entzündeten Gelenke tun weh und sind oft unschön deformiert, was besonders junge Leute zusätzlich belastet.
- Viele Aktivitäten sind für Arthritiskranke von vornherein ausgeschlossen; sie sind bei Spiel, Spaß und Sport meistens zum Zuschauen verurteilt. Junge arthritiskranke Eltern haben oft Schwierigkeiten, ihre Kinder hochzuheben oder selbst zu versorgen.
- Bei einer akuten Arthritisattacke lassen die quälenden Schmerzen selbst ein sonniges Gemüt mürrisch und unfreundlich werden. Versuchen Sie mal, sich vorzustellen, daß Sie tage- und nächtelang an starken Zahnschmerzen leiden würden!

In den allermeisten Fällen meldet sich die chronische Polyarthritis in mehr oder weniger regelmäßig wiederkehrenden, schmerzhaften Schüben. Während eines Schubs kann es den Kranken so schlecht gehen, daß sie das Bett hüten müssen.

Fehlgesteuertes Immunsystem

Am häufigsten beginnt die chronische Polyarthritis irgendwann zwischen dem 30. und dem 50. Lebensjahr; Frauen erkranken etwa dreimal so oft wie Männer. Vieles deutet darauf hin, daß bei der Entstehung der Krankheit das Immunsystem die Hauptrolle spielt – es sagt ohne jeden erkennbaren Grund den Gelenken des eigenen Körpers den Kampf an, gerade so, als seien die Gelenke ein Fremdkörper, der beseitigt werden muß.
Manchmal ist die Krankheit nicht aufzuhalten – sie schreitet voran und zerstört allmählich die Gelenke. In solchen Fällen können die Betroffenen als Pflegefall im Rollstuhl landen. Es

Wie kann der Arzt helfen?

Bei der Arthritis, der wohl ältesten Krankheit, stehen die Ärzte heute fast genauso ratlos da wie vor tausend Jahren – denn gegen die Arthritis ist bisher kein spezielles Kraut gewachsen. Es fehlt noch immer an einem Medikament, das bei allen Kranken zuverlässig wirkt.

kommt aber auch vor, daß das Immunsystem aus unvorhersehbaren Gründen den Kampf gegen die Gelenke einstellt. Dann wird der Mensch wieder gesund – und keiner weiß, wieso.

Linderung bei Schmerzattacken

Zum Glück kann der Arzt zumindest gegen die akuten Schmerzattacken etwas unternehmen. Am häufigsten verordnet er Azetylsalizylsäure (kurz ASS, in Aspirin enthalten) oder Ibuprofen – das sind Medikamente aus der Gruppe der sogenannten nichtsteroidalen Antirheumatika (also Präparate ohne Kortison).

Wenn diese verhältnismäßig leichten Schmerzmittel nicht wirken, hilft schon mal eine Spritze mit Kortikoiden, die der Arzt direkt in das entzündete Gelenk verabreicht. Kortikoide zählen aber zu den »schweren Geschossen«, mit denen der Arzt – zu Recht – äußerst sparsam umgehen muß, damit er dem kranken Organismus keinen noch größeren Schaden zufügt.

Wenn sich die Schübe immer häufiger einstellen und die Schmerzmittel allmählich auf der Tagesordnung stehen, wird der Arzt meistens eine sogenannte Basistherapie vorschlagen. Dabei werden die Medikamente nicht nur während des Schubs eingenommen, sondern täglich über mehrere Monate oder gar Jahre hinweg. In vielen Fällen gelingt es auf diese Weise, die Krankheit zu heilen.

Sanft, aber wirksam

In jüngster Zeit setzen sich in der Behandlung der chronischen Polyarthritis immer häufiger Naturheilverfahren durch – z. B. die Enzymtherapie, Wasseranwendungen und Wärmebehandlungen. Das ist eine vielversprechende Entwicklung, denn Naturheilverfahren haben keine schädlichen Nebenwirkungen. Sie lassen sich zudem problemlos mit jeder anderen Therapieform kombinieren und können jahrelang ohne Bedenken angewendet werden.

Sie können, wenn Sie an chronischer Polyarthritis leiden, bei der Behandlung kräftig mitmischen: Wie oft der Schub kommt, wie stark die Schmerzen sind und wie lange sie dauern, hängt oft allein von Ihnen ab. Sie haben viele Möglichkeiten, sich gegen die Krankheit zu wehren. Lesen Sie hierzu auch das Kapitel »Das können Sie selbst tun« ab Seite 52. Sie werden staunen, wieviel Sie erreichen werden.

Nutzen Sie alle Möglichkeiten!

Es gibt eine ganze Reihe von begleitenden Behandlungsmaßnahmen, die – unabhängig davon, mit welchen Medikamenten Sie behandelt werden – immer mit von der Partie sein sollen.
Dazu gehören Packungen und Bäder, Massagen, Bewegungsübungen oder Kuren. Nicht jede Maßnahme ist für jeden Patienten gleich gut geeignet. Ein sorgsamer Arzt stellt für seinen Patienten ein individuelles Paket aus solchen begleitenden Maßnahmen zusammen.
Dabei spielen das Alter und die persönlichen Interessen des Patienten eine wichtige Rolle – ebenso eventuell vorhandene andere Krankheiten (z.B. Bluthochdruck oder Herzkrankheiten).
Wenn Sie an Arthritis leiden: Nutzen Sie die Möglichkeiten der begleitenden Behandlung, machen Sie aktiv mit – auch wenn Ihnen etwa ein Gymnastikprogramm nicht sehr attraktiv erscheint oder zunächst noch Schmerzen bereitet.
Denken Sie nicht: Es reicht schon, daß ich Medikamente einnehme. Medikamente allein helfen auf Dauer bei Arthritis nicht.

Bevor Sie sich mit einer Dauerbehandlung mit schweren Geschossen einverstanden erklären, lassen Sie sich von Ihrem Arzt genau über die möglichen Nebenwirkungen der Behandlung informieren.

Operation – der letzte Ausweg

Wenn gar nichts mehr hilft und das Gelenk dauerhaft geschädigt ist, kann eine Operation der letzte Ausweg sein. Doch eine Heilung der Arthritis ist das nicht, weil die Ursache der Erkrankung nicht beseitigt wird. Das verwirrte Immunsystem kann die Gelenke weiter attackieren. Oft ist dann nach ein paar Jahren ein weiteres Gelenk befallen, und der Kranke steht vor der gleichen Situation wie vorher.

Die juvenile chronische Arthritis

Kranke Gelenke schon im Kindesalter

Frühmorgens, wenn seine Klassenkameraden noch eine Runde schlafen dürfen, holt die Mutter ihren achtjährigen Jungen schon aus dem Bett. Im Badezimmer ist alles vorbereitet – der Junge muß zunächst unter die warme Dusche, damit seine Gelenke beweglich werden. Danach folgt die alltägliche Morgengymnastik unter den strengen Augen der Mutter. Der Junge beherrscht die Übungen bereits auswendig – muß er sie doch seit Jahren tagein, tagaus durchführen. Wer meint, hier wächst ein künftiger Spitzensportler heran, irrt. Der Junge leidet an juveniler (von lat. iuvenilis = jugendlich) Polyarthritis, an einer Rheumaform, die schon kleinen Kindern das Leben genauso schwer macht wie etwa ihren 80jährigen Leidensgenossen.

Ohne Gymnastik geht nichts

Die streng durchgeführte, regelmäßige Krankengymnastik ist die wichtigste Voraussetzung dafür, daß der kleine Patient beweglich bleibt und eines Tages, wenn alles gut geht, wieder gesund wird, ohne einen Dauerschaden zurückzubehalten. Trotzdem bleiben dem Kind akute Schübe nicht erspart. Dann werden die Gelenke dick und schmerzen.

Jedes Jahr sind in Deutschland 350 bis 500 Kinder von der juvenilen Arthritis betroffen: Der Arzt stellt bei ihnen eine chronische Entzündung eines oder mehrerer Gelenke fest. Es gibt verschiedene Formen der kindlichen Arthritis; manche treten bereits im Säuglingsalter auf. Oft kann der Arzt erst nach mehreren Monaten Beobachtung und nach einer Reihe von Laboruntersuchungen entscheiden, um welche konkrete Form der Arthritis es sich bei dem kleinen Patienten handelt.

Eine solche Erkrankung fordert von einem Kind viel Disziplin und von dem betreuenden Erwachsenen Geduld und immer neue Motivation.

Die verschiedenen Formen der kindlichen Arthritis unterscheiden sich vor allem in der Zahl der erkrankten Gelenke und in den begleitenden Krankheitssymptomen. Aber auch der Zeitpunkt, zu dem die Krankheit erstmals auftritt, ist für manche Krankheitsformen charakteristisch.
Am häufigsten kommen bei Kindern folgende vier Formen der Arthritis vor:

- Die Still-Krankheit
- Die kindliche (juvenile) Polyarthritis
- Die Oligoarthritis mit frühem Beginn
- Die Oligoarthritis mit spätem Beginn.

Heftiges Fieber ist keine typische Begleiterscheinung bei beginnender Arthritis. Nur bei Kindern, die an der Still-Krankheit leiden, tritt anfänglich meist hohes Fieber auf.

Die Still-Krankheit beginnt wie Leukämie

Die Still-Krankheit beginnt stürmisch. Alles deutet darauf hin, daß das Kind ernsthaft erkrankt ist: hohes Fieber – über 39 °C –, das oft über zwei Wochen anhält, geschwollene Lymphknoten und ein auffallender roter Hautausschlag sind die typischen ersten Anzeichen. Da sich mit solchen Anzeichen auch eine Leukämie ankündigen kann, muß der Arzt oft eine Knochenmarkpunktion vornehmen lassen, um die richtige Diagnose stellen zu können, denn die typischen Gelenkentzündungen stellen sich erst später ein.

Symptome der Still-Krankheit

- **Die Still-Krankheit tritt meistens im Alter zwischen zwei bis vier Jahren auf, doch oft erkranken schon Säuglinge daran.**
- **Typisch ist, daß sich gleichzeitig viele Gelenke entzünden. Oft sind die kleinen Gelenke der Finger betroffen, so daß die Finger symmetrisch spindelförmig geschwollen sind.**
- **Später entzünden sich auch die Gelenke der Knie, die Fuß- und die Handgelenke.**

Zur Behandlung des akuten Schubs stehen dem Arzt die gleichen Medikamente zur Verfügung, wie er sie auch seinen erwachsenen Arthritispatienten verordnet. Das ist ein großes Problem, denn diese Medikamente sind für Kinder nicht immer ungefährlich.
Ein Trost für alle Eltern und für die kleinen Patienten: Bei richtiger und konsequenter Behandlung vergeht die Still-Krankheit nach einigen Jahren wieder. In den meisten Fällen bleiben keine Dauerschäden an den Gelenken zurück.

Die kindliche Polyarthritis

Bei der sogenannten kindlichen Polyarthritis entzünden sich mehrere Gelenke; oft sind – wie bei der Still-Krankheit – die Finger betroffen. Doch beginnt die kindliche Polyarthritis nicht so dramatisch: Die Kinder fallen eher durch andauernde Müdigkeit und Schlappheit auf und können sich gar nicht richtig an den Spielen und Aktivitäten ihrer Altersgenossen beteiligen.
Darüber hinaus haben sie wiederholt leichtes Fieber und kommen insbesondere morgens nicht in die Gänge, weil gleich mehrere Gelenke steif sind oder stark schmerzen.

Bequemlichkeit oder Nachsicht mit dem kranken Kind dürfen kein Grund dafür sein, die oft schmerzhaften Gymnastikübungen nicht regelmäßig und gewissenhaft durchzuführen. Auch alle anderen begleitenden Therapiemaßnahmen müssen voll ausgeschöpft werden.

Mädchen sind häufiger betroffen

Für die kindliche Polyarthritis ist typisch, daß sie bei Mädchen häufiger vorkommt als bei Jungen. Innerhalb einiger Wochen entzünden sich gleich mehrere große und kleine Gelenke – meistens symmetrisch; die Kinder machen dann oft roboterartige Bewegungen. Die Krankheit kann in allen Altersgruppen auftreten, oft beginnt sie schon bei Kleinkindern.
Sollte Ihr Kind an Polyarthritis erkrankt sein, sorgen Sie unbedingt für eine rechtzeitige und richtige Behandlung! Das Risiko ist groß, daß Dauerschäden zurückbleiben. Sie kön-

WICHTIG

Es ist bei einer Oligoarthritis unbedingt notwendig, daß Sie mit dem Kind alle sechs Wochen zum Augenarzt zur Kontrolluntersuchung gehen! Falls Sie den Augenarzt während der Erkrankung wechseln sollten: Machen Sie den neuen darauf aufmerksam, daß Ihr Kind an Oligoarthritis leidet! Sollte sich die Regenbogenhaut entzünden, muß sie unbedingt behandelt werden. Ansonsten kann Ihr Kind schwerste Sehschäden davontragen!

nen die Gefahr erheblich senken, wenn Sie die Behandlung Ihres Kindes gewissenhaft unterstützen. Dazu gehört vor allem viel Durchhaltevermögen und Unnachgiebigkeit dem Kind gegenüber – z.B., wenn es um die täglich erforderlichen Gymnastikübungen geht.

Die kindliche Oligoarthritis

Für die sogenannte kindliche Oligoarthritis ist typisch, daß nur wenige Gelenke erkranken. Daher kommen auch die unterschiedlichen Bezeichungen der verschiedenen Krankheiten: »oligo« heißt auf griechisch »wenig«; »poly« heißt »viel«. In der Regel entzünden sich bei der Oligoarthritis nicht mehr als vier Gelenke. Bei dieser Krankheit sind die Fingergelenke nicht betroffen – vielmehr sind es das Kniegelenk, das Sprunggelenk und das Hüftgelenk.

Bei kleinen Mädchen und großen Jungs

Die kindliche Oligoarthritis ist eine recht eigenartige Krankheit: Manchmal beginnt sie schon im Säuglingsalter und tritt dann vor allem bei Mädchen auf (deshalb wird die Krankheit auch Kleinmädchenform genannt). Doch manchmal läßt sich die Krankheit etwas Zeit und beginnt erst im Alter von etwa

Vorsicht vor Augenentzündungen

Gleichzeitig mit den Gelenken erkranken bei der Oligoarthritis häufig auch die Augen (die Regenbogenhaut entzündet sich). Das Heimtückische an der Erkrankung ist, daß weder Eltern noch Kinder zunächst etwas davon bemerken – das kann nur der Augenarzt bei einer Untersuchung mit einer Speziallampe erkennen. Wird die Augenerkrankung aber nicht rechtzeitig behandelt, kann das Kind im schlimmsten Fall erblinden.

sechs Jahren – dann aber trifft es überwiegend die Jungen (deshalb auch die Bezeichnung »Großjungenform«).
Ein wichtiger Trost für Eltern und kranke Kinder: Die Oligoarthritis kann in den allermeisten Fällen vollkommen geheilt werden. Voraussetzung ist allerdings, daß das Kind rechtzeitig und richtig behandelt wird.

Die Bechterewsche Krankheit

Kreuzschmerzen wie bei alten Männern, aber junge Patienten – das ist typisch für die Bechterewsche Krankheit. Den oft noch sehr jungen Betroffenen nimmt kein Mensch ihre Beschwerden ab; sie werden eher als Simulanten, Hypochonder oder überempfindliche Mimosen angesehen, die sich vor der Arbeit drücken wollen. Etwa ein Prozent der Bevölkerung

Die Bechterewsche Krankheit

- Zu den ersten Anzeichen zählen tiefsitzende Kreuzschmerzen, die den Kranken meist frühmorgens auf unsanfte Weise aus dem Bett jagen. Nicht selten wird die Matratze für die Schmerzen verantwortlich gemacht, denn nach dem Aufstehen, nach etwas Bewegung, lassen die Schmerzen allmählich wieder nach. Doch weder das Bett ist schuld noch die Matratze: Die Wirbelsäule besitzt viele kleine Gelenke, die die einzelnen Wirbelkörper verbinden. Und genau diese Gelenke sind bei Morbus Bechterew entzündet.
- Die Krankheit kann jederzeit und in jedem Stadium wieder zum Stillstand kommen. In der Zeit schwerer Schübe, wenn die Schmerzen am stärksten sind, können die gleichen Medikamente wie bei anderen Gelenkentzündungen helfen.

Da die Bechterewsche Krankheit in manchen Familien gehäuft vorkommt, ist eine angeborene Anfälligkeit für dieses Leiden nicht ausgeschlossen. Manche Wissenschaftler vermuten, daß eine Infektion mit bestimmten Viren oder Bakterien der Auslöser der Krankheit sein könnte.

erkrankt an der Bechterewschen Krankheit (auch Morbus Bechterew oder ankylosierende Spondylitis genannt). Rund 70 Prozent aller Betroffenen sind Männer. Die Krankheit beginnt meist zwischen dem 16. und dem 40. Lebensjahr.

Üben, üben, üben

Das wichtigste Gesetz bei der Bechterewschen Krankheit ist: üben, üben und nochmals üben. Gleich nachdem die Diagnose feststeht, müssen gezielte Gymnastikübungen aufgenommen werden – und das Tag für Tag, ein ganzes Leben lang. Nur dadurch können eine dauerhafte Versteifung der Wirbelsäule und schwere Behinderungen vermieden werden.

Qual mit dem Zipperlein – die Gicht

Der Alkohol ist für den Menschen, den das Zipperlein plagt, ein noch größerer Feind, als er es ohnehin schon für die Menschheit ist.

Keine andere Art von Gelenkentzündungen soll so schmerzhaft sein wie die Gicht. Früher war die Krankheit – die übrigens schon bei den alten Griechen und Römern gut bekannt war – überwiegend auf die Wohlhabenden beschränkt. Der akute Anfall stellte sich häufig im Anschluß an üppige Festgelage ein und riß den Betroffenen mitten in der Nacht aus dem Schlaf. Meistens war's der große Zeh, der höllisch schmerzte – so arg, daß selbst das Gewicht einer federleichten Daunendecke unerträglich wurde.

Meistens trifft's die Männer

Die Gicht kommt bei Männern etwa zehnmal häufiger vor als bei Frauen; meistens tritt sie im vierten oder fünften Lebensjahrzehnt auf, doch auch jüngere Männer sind durchaus nicht davor gefeit. Bei Frauen kommt die Gicht, wenn überhaupt, meist erst nach den Wechseljahren vor. So sehr ein Gichtanfall auch schmerzen mag: Die Gicht ist nichts Dra-

Wie entsteht die Gicht?

Bei der Verdauung von Nahrung, insbesondere von Fleisch, entsteht im Organismus über den sogenannten Purinstoffwechsel als Nebenprodukt Harnsäure. Wenn der Nachschub an Harnsäure dauerhaft höher ist, als sie der Körper ausscheiden kann, steigt die Konzentration der Harnsäure im Blut und im Gewebe an (bei den meisten Gichtkranken liegt eine angeborene Ausscheidungsstörung vor). Irgendwann bilden sich dann harte Kristalle, mit Vorliebe in der Nähe von Gelenken. Dort rufen sie eine schmerzhafte Entzündung der Gelenkkapsel oder des umliegenden Gewebes hervor. Das Gelenk wird dick, rot, heiß und es schmerzt. Bei Menschen, die seit Jahren an Gicht leiden, bilden sich schließlich an verschiedenen Stellen des Körpers Gichtknoten (sogenannte Tophi): Es handelt sich um nichts anderes als um abgelagerte Kristalle aus reiner Harnsäure.

matisches, es handelt sich um keine bedrohliche Krankheit. Vielmehr ist die Zeit gekommen, die bisherige Lebensführung zu überdenken: Eine Änderung der Ernährungsgewohnheiten ist angesagt. Seit dem letzten Weltkrieg ist das Vorkommen dieser Arthritisform auf das Zehnfache angestiegen – zurückzuführen vor allem auf unvernünftige, zu üppige Ernährung unserer Gesellschaft vor allem in den Jahrzehnten des Wirtschaftswunders.

Wenn der Harnsäurespiegel allen Diätmaßnahmen zum Trotz erhöht bleibt, wird der Arzt eine Langzeitbehandlung mit geeigneten Medikamenten verordnen. Bei uneinsichtigen Patienten kann sich die Gicht zu einem chronischen Leiden entwickeln. Dann stellen sich die Anfälle immer häufiger ein. Wenn die Krankheit nicht konsequent bekämpft wird, bleiben schließlich auch ernsthafte Dauerschäden nicht aus: Nieren und Blutgefäße werden in Mitleidenschaft gezogen, es stellt sich gefährlicher Bluthochdruck ein.

Wichtig ist, daß Sie bei Gicht besonders sorgfältig auf Ihr Körpergewicht achten: Übergewicht unterstützt die Entwicklung der Krankheit und führt zu häufigeren schmerzhaften Anfällen. Insbesondere Fleisch sollte seltener auf den Tisch kommen.

Schmerzhaft, aber nicht dramatisch: Bei Gicht müssen Sie bei der Auswahl Ihrer Nahrungsmittel vorsichtig und sorgfältig zu Werke gehen; vor allem sollten Sie auf Ihr Gewicht achten.

Gicht erfolgreich behandeln

Das sollten Sie bei Gicht tun:

- Bauen Sie Übergewicht allmählich ab.
- Halten Sie Maß bei Festessen.
- Versuchen Sie nicht, begangene Ernährungssünden durch Fasten am darauffolgenden Tag auszugleichen. Der Körper bildet beim Fasten bestimmte Stoffe, die die Harnsäure binden, ihre Ausscheidung verhindern und dadurch die Gichtanfälle erst recht auslösen können.

Das dürfen Sie bei Gicht getrost essen und trinken:

- Mineralwasser
- Tee
- Kakao
- Kaffee
- Fruchtsäfte
- Butter
- Alle Käsearten
- Eier
- Milch, Buttermilch
- Brot und Gebäck (aber kein Vollkorn)
- Teigwaren
- Reis
- Früchte aller Art
- Kohl, Rüben
- Sellerie
- Gurken
- Kartoffeln
- Kürbis
- Sauerkraut
- Tomaten
- Grünen Salat
- Zwiebeln
- Schwarzwurzeln

Schränken Sie den Genuß dieser Nahrungsmittel ein:

- Fleisch aller Art (auch Geflügel und Fisch)
- Fleisch- und Geflügelsuppen sowie Bouillon
- Pilze
- Erbsen und Linsen
- Bohnen
- Spinat
- Blumenkohl
- Spargel
- Artischocken
- Vollkorngebäck und Vollkornbrot
- Alkohol

Absolut verboten sind:

- Sardellen
- Ölsardinen
- Leber
- Niere
- Hirn
- Bries
- Fleischextrakt
- Nüsse
- Körner

Arthritis aus den Genen

Zum Glück kommt sie selten vor – die Arthritis, die direkt in den Genen vorprogrammiert ist. Etwa einer von einer Million Menschen ist davon betroffen, Frauen und Männer gleichermaßen. Es handelt sich um die sogenannte Alkaptonurie, eine Krankheit, die schon im Mittelalter für Aufsehen sorgte, denn die Betroffenen scheiden Urin aus, der schwarz wird.

Mittelalterliche Behandlungsmethoden

Viele Patienten mußten in der Vergangenheit wahre Torturen über sich ergehen lassen – beginnend mit Aderlaß und Abführmitteln über Bäder und Diäten bis hin zu den diversen Teufelsaustreibungen. Heute wissen wir, daß all diese Maßnahmen keine Wirkung zeigen konnten – handelt es sich doch um eine angeborene Störung des Eiweißstoffwechsels (die Aminosäuren Tyrosin und Phenylalanin können nicht ordnungsgemäß abgebaut werden). Als Folge davon wird nicht nur der Harn nach längerem Stehenlassen dunkel: Im Körper konzentriert sich eine Säure (die sogenannte Homogentisinsäure) und bildet Kristalle, die sich in den Gelenken ablagern und dort die Entzündungen hervorrufen.

Symptome der Alkaptonurie

- Erstes Anzeichen ist der schwarze Urin. Die Betroffenen fühlen sich allerdings noch jahrzehntelang gesund.
- Erst im Alter von etwa 40 Jahren stellen sich Gelenkschmerzen, meistens in der Wirbelsäule im Bereich der Lendengegend, ein. Mit der Zeit erkranken auch die Knie-, Hüft- und Schultergelenke.
- Die Krankheit kann dann sehr rasch fortschreiten und den Patienten im schlimmsten Fall an den Rollstuhl fesseln.

Die Alkaptonurie kommt in manchen Familien gehäuft vor, weil es sich um eine erbliche Störung des Enzymhaushalts handelt.

Bei der Alkaptonurie ist eine gezielte, so bald wie möglich beginnende Behandlung der Gelenkentzündung erforderlich; besonders wichtig sind auch regelmäßige begleitende physiotherapeutische Maßnahmen, z.B. Bewegungsübungen und Wasseranwendungen. Wenn die Bewegungsfreiheit sehr stark beeinträchtigt wird, kommt auch eine Operation in Frage.

Mikroben im Gelenk – die sogenannte reaktive Arthritis

Gelenkschmerzen nach Infektionen

Suchen Sie bei ungewöhnlichen Gelenkschmerzen auf alle Fälle den Arzt auf. So erhöhen Sie im Fall einer Form von Arthritis Ihre Heilungschancen.

Wenn bei jungen Erwachsenen plötzlich die Gelenke zu schmerzen beginnen, handelt es sich in den meisten Fällen um eine sogenannte reaktive Arthritis: Als Reaktion auf eine vorangegangene Infektionskrankheit entzündet sich ein Gelenk. Am häufigsten stellen sich reaktive Arthritiden nach einer Halsentzündung ein (insbesondere wenn die Halsentzündung von Streptokokken – bestimmten Bakterien – hervorgerufen wurde). Aber auch nach infektiösen Darmerkrankungen – z.B. nach einer Salmonellose – oder nach Entzündungen der Harnwege sind reaktive Arthritiden keine Seltenheit.

In der Regel gut heilbar

Typisch für diese Gelenkentzündungen ist, daß nur ein oder zwei Gelenke erkranken – meistens sind es die Hüfte oder das Knie. Deswegen – und weil die Gelenkschmerzen oft erst Wochen nach der Infektionskrankheit beginnen – fällt es vielen Menschen gar nicht ein, daß die Gelenkschmerzen mit der überstandenen Krankheit zusammenhängen könnten.
Reaktive Gelenkentzündungen sind meistens gut heilbar. Bei richtiger Behandlung hören die Schmerzen oft schon nach

ein paar Tagen auf. Die Krankheit muß allerdings konsequent behandelt werden (in den meisten Fällen mit Antibiotika). Geschieht das nicht, so kann es immer wieder zu Rückfällen kommen. Unbehandelt kann sich eine solche zunächst harmlose Arthritis zu einer chronischen Krankheit auswachsen.

Die am häufigsten vorkommenden Formen der reaktiven Arthritiden haben ihren eigenen Namen erhalten. Die bekanntesten sind:

- Das rheumatische Fieber
- Das Reiter-Syndrom
- Die Lyme-Krankheit (die sogenannte Borreliose).

Die reaktive Arthritis entsteht nach einer Infektion, die zum Teil weit vom betroffenen Gelenk entfernt aufgetreten ist. Der ursächliche Erreger kann aber im Gelenk meistens nicht nachgewiesen werden.

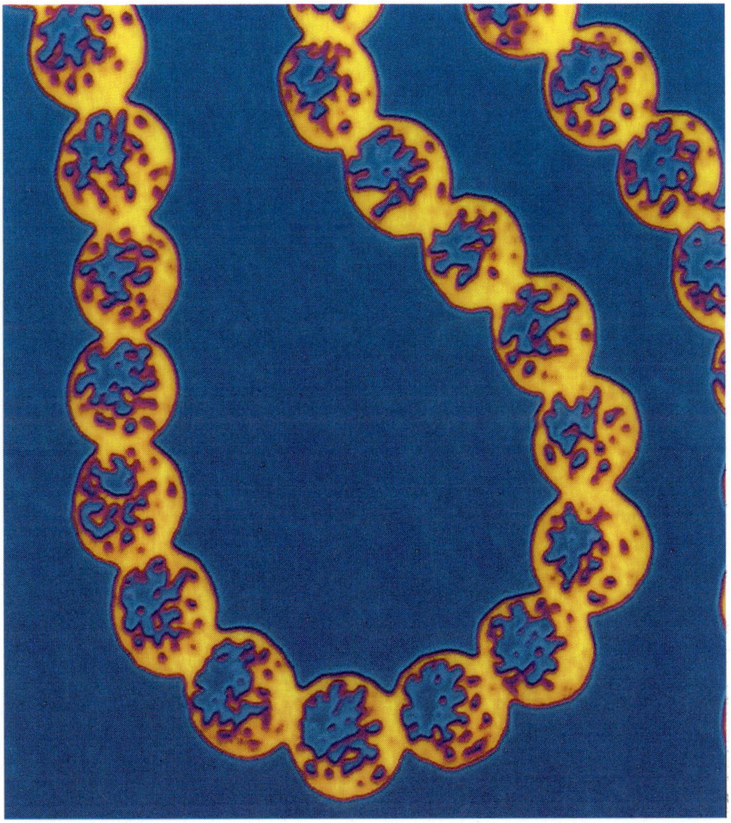

Gelenkerkrankungen können, vor allem, wenn sie in jugendlichem Alter auftreten, von Infektionen ausgelöst sein. Streptokokken zählen zu den gefährlichsten Erregern.

Streptokokkeninfektionen können sich anfangs als ganz harmlose Halsentzündungen tarnen. Spätestens wenn nach drei Tagen keine Besserung eingetreten ist, sollten Sie den Arzt aufsuchen.

Das rheumatische Fieber

Noch Mitte der fünfziger Jahre war das von Streptokokken hervorgerufene rheumatische Fieber eine der meistgefürchteten Kinderkrankheiten. Es waren nicht etwa die unerträglichen Gelenkschmerzen, die die Menschen so fürchteten. Auch vor Dauerschäden an den Gelenken hatten sie keine Angst, denn die gibt es bei rheumatischem Fieber fast nie.
Angst hatten die Menschen vor den Herzkomplikationen des rheumatischen Fiebers: Oft gesellt sich zu der Gelenkentzündung nämlich eine äußerst gefährliche Entzündung des Herzen.
Noch heute ist das rheumatische Fieber in vielen ärmeren Ländern dieser Welt eine häufige Todesursache bei Kindern. Ärzte vermuten, daß auch der plötzliche Kindstod die Folge eines vorausgegangenen rheumatischen Fiebers sein kann.

Gefährliche Streptokokken

Das rheumatische Fieber tritt meistens als Komplikation einer Halsentzündung auf, die von Streptokokken hervorgerufen wurde.
Bei uns ist das Vorkommen dieser Krankheit in den letzten 30 Jahren deutlich zurückgegangen.
Zum großen Teil ist das darauf zurückzuführen, daß es heute Antibiotika gibt, mit denen Streptokokkeninfektionen rasch geheilt werden können.
Mit diesen Krankheitserregern ist nicht zu spaßen.
Beginnt die Behandlung mit den Antibiotika rechtzeitig, haben die Krankheitserreger keine Chance, vom Hals auf die Gelenke und auf das Herz überzuspringen.

Trotzdem sterben noch heute in Deutschland jedes Jahr zwei bis drei Kinder an den Folgen eines rheumatischen Fiebers.
Meistens handelt es sich um Kinder, die überleben hätten können, wenn sie rechtzeitig zum Arzt gebracht worden wären.

Symptome des rheumatischen Fiebers

- Hohes Fieber, bis über 40 °C
- Blasser, rosablauer Hautausschlag
- Starke Schmerzen in mehreren Gelenken
- Die Laboruntersuchungen bestätigen eine Streptokokkeninfektion. Der Arzt kann mit Hilfe einiger Tests feststellen, ob es sich um rheumatisches Fieber handelt. Es ist wichtig, daß die richtige Diagnose so schnell wie möglich feststeht, denn beim rheumatischen Fieber müssen sofort Antibiotika verabreicht werden.

Mit Streptokokken ist nicht zu spaßen!

Immer wieder kommt es vor, daß sich Patienten, die an rheumatischem Fieber erkrankt sind, nicht an die vorangegangene Infektion erinnern können. Das hängt damit zusammen, daß viele Menschen Halsentzündungen nicht so ernst nehmen, das rheumatische Fieber erst Wochen nach dem Abklingen der Infektion auftritt. Tatsächlich verschwinden Halsentzündungen oft sang- und klanglos von allein – auch dann, wenn sie von Streptokokken hervorgerufen wurden.

Gute Heilungschancen

Gelingt es, eine Herzentzündung zu verhindern, sind die Aussichten auf eine vollkommene Genesung gut: Das rheumatische Fieber heilt dann meist innerhalb von zwei bis drei Monaten ohne bleibende Folgen aus.
Wurde das Herz allerdings in Mitleidenschaft gezogen, sieht die Sache nicht immer so gut aus: Je nachdem, wie stark das Herz entzündet war, können Dauerschäden am Herzen zurückbleiben, die Sie Ihr Leben lang – etwa durch eine verminderte Belastbarkeit beim Sport oder im Beruf – einschränken.

Sanft, aber wirksam

Es ist richtig, nicht bei jedem Schnupfen und dem kleinsten Kratzen im Hals Antibiotika zu verordnen. Wenn allerdings Ihr Arzt feststellt, daß Sie (oder Ihr Kind) an einer Streptokokkeninfektion leiden, dann ist eine Behandlung mit Antibiotika unbedingt erforderlich – sonst droht eine gefährliche Herzentzündung! Sie dürfen allerdings – begleitend zur Therapie mit Antibiotika – Naturheilmittel einnehmen, um die Selbstheilungskräfte Ihres Körpers zu unterstützen.

Wenn Sie eine lange Antibiotikabehandlung über sich ergehen lassen müssen, beraten Sie sich mit Ihrem Arzt, welche Naturheilverfahren Sie zusätzlich anwenden können, um Ihren Organismus in seiner Selbstheilungskraft zu stärken. Naturheilverfahren sind besonders dazu geeignet, die Abwehrkräfte des Körpers zu steigern, die sonst während einer langen Antibiotikabehandlung oft geschwächt sind.

Antibiotika sind beim rheumatischen Fieber unbedingt erforderlich. Darüber hinaus sollten Sie aber Ihren Körper während und nach einer solchen Behandlung durch gesunde Ernährung und abwehrstimulierende Naturheilmittel stärken.

Das Reiter-Syndrom

Plötzlich auftretende starke Gelenkschmerzen bei jungen Männern sind oft Anzeichen des sogenannten Reiter-Syndroms (benannt nach dem deutschen Arzt und Hygieniker Hans Reiter). Es handelt sich ebenfalls um eine typische reaktive Arthritis – und zwar meist als Folge einer Harnweginfektion mit Erregern, die Chlamydien genannt werden.
Meistens können sich die Patienten an eine vorangegangene Infektion nicht mehr erinnern: Oft handelte es sich bloß um eine ganz leichte Entzündung der Harnröhre, die unbemerkt blieb – bis sich dann die Gelenkschmerzen eingestellt haben. Am häufigsten ist es das Knie, das sich entzündet.
Das Reiter-Syndrom kommt bei Männern viel häufiger vor als bei Frauen. Typisch für diese Erkrankung ist, daß sich – außer den Gelenken – auch die Bindehaut in den Augen und die Schleimhäute entzünden können.

Wo Antibiotika nicht helfen

Anders als beim rheumatischen Fieber helfen beim Reiter-Syndrom Antibiotika meistens nicht. Deshalb wird die Gelenkentzündung mit entzündungshemmenden Medikamenten, etwa mit Azetylsalizylsäure (ASS) behandelt. Bei den meisten Patienten vergeht die Krankheit ohne Folgen, doch etwa bei einem Drittel der Erkrankten stellen sich Rückfälle ein, die dann erneut behandelt werden müssen.

Borreliose oder Lyme-Krankheit

Man möchte meinen, daß es an einer so uralten Krankheit, wie es die seit Menschengedenken bekannte Arthritis ist, nichts Neues mehr zu entdecken gibt. Doch das ist ein Irrtum: 1976 wurde eine weitere, völlig neue Form der Arthritis entdeckt.
Die neue Krankheit wurde erstmals im kleinen Ort Lyme im amerikanischen Staat Connecticut festgestellt (deshalb wird diese Krankheit häufig als Lyme-Krankheit bezeichnet). Es handelt sich um eine äußerst schmerzhafte Gelenkentzündung, die von Zecken übertragen wird. Der Erreger der Lyme-Krankheit ist ein Bakterium namens Borrelia. Deswegen wird für die Lyme-Krankheit auch die Bezeichnung »Borreliose« verwendet.

Durch Zecken übertragen

Meistens wird im Zusammenhang mit Zecken von der Frühsommermeningoenzephalitis – der sogenannten FSME – gesprochen; das ist eine gefährliche Hirnhautentzündung, die von Zecken übertragen wird. Daß Zecken auch die Borreliose oder Lyme-Krankheit übertragen können, ist heute noch nicht allgemein bekannt. Während man sich vor der FSME durch eine Impfung schützen kann, ist dies bei der Borreliose leider nicht möglich.

Nach der Hirnhautentzündung jetzt auch noch Borreliose: Die früher kaum beachteten Zeckenbisse muß man heute als ernsthafte Gefahr für die Gesundheit einstufen.

Schützen Sie sich vor Zecken!

Sie können sich verhältnismäßig leicht vor der Borreliose schützen, indem Sie sich die Zecken vom Leib halten. Tragen Sie bei Ausflügen im Wald lange Ärmel, lange Hosen und geschlossene Schuhe. So vermeiden Sie gleichzeitig die FSME-Infektion und den (auch nicht ungefährlichen) Sonnenbrand.

Harmlos scheinende Symptome

Die Borreliose kann völlig unbemerkt beginnen, denn das erste Stadium der Krankheit ist unauffällig:

- Rings um die Einstichstelle bildet sich ein kreisförmiger, blaßroter Fleck, der nicht juckt, nicht schmerzt und bald wieder verschwindet; viele Menschen nehmen davon überhaupt keine Notiz.
- Zwischen der Infektion und den ersten Gelenkschmerzen können mitunter mehrere Monate, sogar bis zu zwei Jahre vergehen. Ob es sich um eine Borreliose handelt oder nicht, kann der Arzt dann durch eine Blutuntersuchung feststellen.
- Bei der Borreliose sind oft nur wenige Gelenke betroffen; in den allermeisten Fällen ist das Kniegelenk mit dabei. Antibiotika sind eine wirksame Waffe gegen die Borreliose. Trotz der ausgefeilten und relativ sicheren Behandlungsmöglichkeiten stellen sich bei jedem zehnten Patienten immer wieder Rückfälle ein.

Die durch Virusinfektionen hervorgerufenen Gelenkschmerzen klingen mit Ende der Infektion meist von allein wieder ab.

Jeder kann betroffen sein

Meinen Sie, Sie hätten noch nie im Leben eine Arthritis gehabt? Überlegen Sie mal, ob Sie nicht auch schon während einer Erkältung oder Grippe über schmerzende Gelenke geklagt haben! Arthritiden kommen besonders oft als Begleiterscheinung von Virusinfektionen vor.

Eine spezielle Behandlung dafür gibt es nicht. Übertriebene Sorgen brauchen Sie sich trotzdem nicht zu machen. Die Virusarthritis vergeht in aller Regel zusammen mit der Infektionskrankheit, mit der sie gekommen ist. Nur wenn die Schmerzen besonders stark werden, wird der Arzt Schmerzmittel verordnen. Dauerhafte Schäden an den Gelenken entstehen durch Virusarthritiden zum Glück nicht.

Die Untersuchungsmethoden

Mit Gelenkschmerzen ist es so eine Sache: Die Schmerzen sind immer die gleichen, auch das betroffene Gelenk ist bei allen Formen zumeist geschwollen, rot und heiß. Doch was dahinter steckt, kann viele verschiedene Ursachen haben – und die müssen möglichst gezielt behandelt werden.

Um welche Form der Arthritis es sich beim einzelnen Patienten handelt, kann der Arzt in den seltensten Fällen auf Anhieb sagen. Er muß die richtige Diagnose finden – doch das ist manchmal ein regelrechtes Puzzlespiel. Dazu sind oft die Resultate der verschiedensten Untersuchungen nötig, bisweilen auch bei anderen Fachärzten. Wenn sie zusammenpassen, sich endlich zu einem bekannten Bild zusammenfügen, dann hat der Arzt die richtige Diagnose gefunden.

Arthritis heißt weiter nichts, als daß ein Gelenk entzündet ist. Warum es sich entzündet hat und wie die Entzündung am besten zu behandeln ist, das kann der Arzt oft erst nach vielen, manchmal zeitraubenden Untersuchungen feststellen.

Fragen über Fragen – die Anamnese

Wenn Sie zum erstenmal wegen Gelenkschmerzen zum Arzt gehen, wird er Sie wahrscheinlich eingehend befragen. Er will so die Krankheitsgeschichte, die Anamnese, klären.

Der erste Augenschein

Selbstverständlich wird sich Ihr Arzt zunächst einmal eingehend das Gelenk ansehen, das Ihnen Probleme bereitet. Ist es geschwollen? Ist es rot und heiß? Tut es beim Drücken weh? Ist es frei beweglich?
In den meisten Fällen wird sich Ihr Arzt Ihren ganzen Körper ansehen: die Form und die Haltung Ihrer Finger und Zehen; er wird nach Veränderungen von Nägeln und Haut suchen, nach Anzeichen eines Ausschlags (beispielsweise bei Verdacht auf rheumatisches Fieber) und nach anderen möglichen Veränderungen.

Ihr Arzt wird Sie fragen:

- Ob Sie zum erstenmal an solchen Schmerzen leiden
- Wann die Schmerzen begonnen haben
- Wie stark sie sind
- Ob auch andere Gelenke empfindlich sind
- Ob Sie vielleicht von einer Zecke gebissen wurden
- Ob Sie Fieber hatten
- Ob in Ihrer Familie Arthritis (oder andere Krankheiten, etwa Stoffwechselstörungen) vorgekommen sind
- Ob Sie in der Vergangenheit eine Infektionskrankheit durchgemacht haben

Anamnese, Blutsenkung, Rheumafaktoren, Urinprobe: Oft ist es recht kompliziert, herauszufinden, ob und an welcher Form der Arthritis man eigentlich erkrankt ist.

Was das Blut verrät

Mit Sicherheit wird Ihr Arzt bei Ihnen verschiedene Bluttests durchführen lassen. Wenn wirklich eine Gelenkentzündung vorliegt, wird sich das an der sogenannten Blutsenkungsgeschwindigkeit – bekannt auch als BSG-Wert – zeigen. Eine Blutprobe wird dazu in ein spezielles Meßröhrchen gefüllt. Dann wird gemessen, wie schnell die Blutkörperchen zu Boden sinken, wenn man das Blut eine bzw. zwei Stunden in dem Röhrchen stehen läßt. Je schneller die Blutkörperchen sinken, um so höher ist der BSG-Wert. Ein erhöhter BSG-Wert ist fast immer eine Bestätigung dafür, daß irgendwo im Körper eine Entzündung vorliegt. Nun ist mit dem BSG-Wert noch lange nicht bestätigt worden, daß eine Gelenkentzündung vorliegt: Bei einer Halsentzündung etwa wäre der Wert genau so hoch, vielleicht noch höher. Der Arzt muß also weitersuchen.

Rheumafaktoren

Das Blut kann dem Arzt noch ein paar weitere wichtige Hinweise liefern. So z.B. ist bei manchen Formen der Arthritis die Zahl der weißen und der roten Blutkörperchen auf eine charakteristische Weise verändert. Außerdem können sich im Blut die sogenannten Rheumafaktoren befinden. Sie kommen vor allem bei der rheumatoiden Arthritis (der chronischen Polyarthritis) vor, während sie beispielsweise beim Reiter-Syndrom oder bei der Bechterewschen Krankheit nicht nachzuweisen sind. Bei manchen reaktiven Arthritiden kann der Arzt im Blut Antikörper gegen die Krankheitserreger finden, die die Infektionskrankheit und die nachfolgende Arthritis verursacht haben. Es gibt noch eine ganze Reihe weiterer Blutuntersuchun-gen, die für den Arzt wichtig sind, damit er sich ein richtiges Bild von Ihrer Krankheit machen kann. So ist es z. B. manchmal sinnvoll, die Blutgruppe des Patienten zu bestimmen (manche Formen der Arthritis kommen bei einigen Blutgruppen häufiger vor). Der Nachweis des sogenannten C-reaktiven Proteins mit dem CRP-Test hilft, das Ausmaß der Gelenkentzündung zu beurteilen.

Wenn im Blut keine Rheumafaktoren nachweisbar sind, spricht man von einer serumnegativen Arthritis. Ein bestimmtes Krankheitsbild ist damit allerdings nicht beschrieben – das Fehlen von Rheumafaktoren kann bei ganz unterschiedlichen Gelenkerkrankungen auftreten.

Auch der Urin gibt wichtige Hinweise

Sofern es sich nicht um eine schon im voraus klar und leicht erkennbare Arthritisform handelt, wird der Arzt in den allermeisten Fällen auch eine Urinprobe durchführen lassen. Dabei kann er erfahren, ob die Konzentration der Harnsäure erhöht ist (das wäre ein Hinweis auf Gicht), oder etwa ungewöhnliche Abbauprodukte des Stoffwechsels im Urin vorkommen (wie beispielsweise die oxidierte Homogentisinsäure bei der Alkaptonurie).

Voller Durchblick – die Röntgenaufnahme

Röntgenaufnahmen des schmerzenden Gelenks gehören heute schon ganz selbstverständlich zur Untersuchung. Im Röntgenbild kann der Arzt das Ausmaß der Gelenkzerstörung sehen: ob sich etwa Knorpel in der Gelenkkapsel befinden, ob und wie das Gelenk verformt ist und vieles mehr.

Radioaktive Bilder – mit der Szintigraphie

Neben dem Röntgen gibt es mittlerweile modernere Untersuchungsmethoden, die einen wahrlich tiefen Einblick in das Innere des erkrankten Gelenks gewähren. Zu solchen Untersuchungen gehört die Szintigraphie: Hier werden dem Patienten kleinste Mengen einer radioaktiven Substanz verabreicht (meistens in die Blutbahn injiziert), die sich dann in entzündeten Bereichen des Körpers, bei Arthritis also in den betroffenen Gelenken, anreichert. Mit Hilfe eines speziellen Geräts – des sogenannten Szintigraphen – kann der Arzt die Radioaktivität in den einzelnen Gelenkstrukturen messen und mit Hilfe eines Computers daraus ein Bild erstellen lassen.

Ins Gelenk geguckt – die Arthroskopie

Bei der modernen Arthroskopie erscheint das Innere des Gelenks gut sichtbar auf einem Bildschirm. So kann, wenn nötig, ein ganzes Ärzteteam gleichzeitig das Innere des Gelenks eingehend betrachten – ob etwa Risse in der Knorpelschicht oder Knochensplitter im Gelenk zu finden sind.

Eine Untersuchungsmethode, die sicher nicht in jedem Fall gemacht werden muß, ist die Arthroskopie: Bei dieser Untersuchung führt der Arzt eine Art Sehrohr – das sogenannte Endoskop – durch die Haut und das Bindegewebe direkt in das Innere des Gelenks ein (dazu wird das Gelenk vorher mit Luft oder mit Kochsalzlösung etwas aufgeblasen). Mit Hilfe eines perfekt ausgeklügelten Systems kleinster optischer Linsen ist es dann möglich, Videoaufnahmen aus dem Inneren des Gelenks zu machen; diese erscheinen gut sichtbar auf einem Bildschirm, ohne daß erst, wie bei der Röntgenaufnahme, ein Bild entwickelt werden muß.
Bei der Arthroskopie kann der Arzt auch winzige Instrumente durch das Endoskop in das Gelenk einführen – etwa Pinzetten, Zangen oder Scheren – und z.B. kleine Knochen- oder Knorpelsplitter herausholen, falls die für die Entzündung verantwortlich waren. Früher war für so einen Eingriff eine regelrechte Operation erforderlich.
Die Arthroskopie kann unter Vollnarkose oder unter lokaler Betäubung durchgeführt werden.

Die Kapsel wird angezapft – Gelenkpunktion

Damit die Gelenke von innen nicht trocken sind und bei den Bewegungen die Gelenkflächen nicht aneinanderreiben und nicht knirschen, produziert die Innenhaut der Gelenke eine Gelenkschmiere – eine zähe, klare Flüssigkeit. Darin befinden sich bei Gelenkentzündungen weiße Blutkörperchen und manchmal auch Krankheitserreger oder Kristalle von Harnsäure (bei Gicht).
Die mikroskopische Untersuchung dieser Schmiere (Synovia genannt) kann über die Ursache der Gelenkentzündung Aufschluß geben. Eine Probe der Gelenkschmiere ist daher eine für den Arzt aufschlußreiche Sache. Die Probe kann der Arzt verhältnismäßig leicht aus dem Gelenk entnehmen: Er führt eine Hohlnadel in den Gelenkspalt ein und zieht – ähnlich wie bei einer Blutentnahme – eine kleine Menge der Synovia in die Spritze ein.

Eine Gelenkpunktion tut kaum weh. Wenn es der Patient allerdings wünscht, kann der Arzt vor der Untersuchung eine schmerzstillende Spritze verabreichen.

Auch andere Ärzte reden ein Wörtchen mit

Manchmal sind Gelenkentzündungen eine Begleiterscheinung von Erkrankungen anderer Organe. Deshalb ist es oft nötig, daß auch diese untersucht und behandelt werden.
Beim Reiter-Syndrom etwa ist die Mitbehandlung der Krankheit nicht nur durch den Augenarzt (wie bei der Oligoarthritis), sondern auch durch den Urologen erforderlich, denn für diese Krankheit ist charakteristisch, daß außer den Gelenken sowohl die Augen als auch die Harnwege betroffen sind und mitbehandelt werden müssen.
Bei einigen Gelenkentzündungen können auch die Leber, die Milz und die Lymphknoten betroffen sein (z.B. bei rheumatischem Fieber, bei der Still-Krankheit, bei der Borreliose und bei anderen Arthritiden). Wundern Sie sich deshalb nicht, wenn Ihr Arzt auch diese Organe untersucht oder Sie zum Internisten überweist.

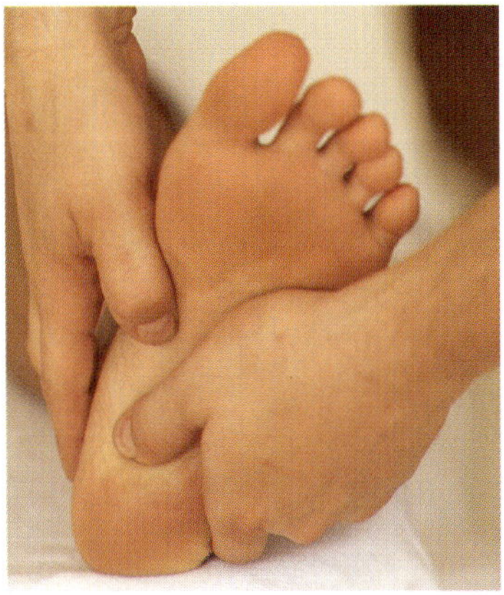

Massage – eine Wohltat nicht nur bei kranken Gelenken.

Die Therapie

»Nun gut, in Gottes Namen«, mag sich so mancher schmerzgeplagte Mensch sagen, wenn ihn sein Doktor von einem Facharzt zum anderen, vom Röntgen zum Ultraschall, dann ins Labor und noch weiter schickt. Schließlich haben all die Untersuchungen irgendeinmal ihr Ende, und der Arzt weiß dann, was er verordnen soll, damit er dem Kranken helfen kann.

Nur eine Infektion…

Von Glück reden können jene, bei denen der Arzt feststellt: Das ist eine reaktive Arthritis – also eine Gelenkentzündung, die als Reaktion auf eine Infektionskrankheit eingetreten ist. Denn die allermeisten reaktiven Arthritiden gehen so, wie sie gekommen sind: mit der Infektionskrankheit. Und gegen die meisten Infektionskrankheiten ist heute doch ein Kraut gewachsen.

… oder chronische Arthritis?

Die medikamentöse Behandlung der chronischen Arthritis ist leider nicht so einfach zu bewerkstelligen, wie es dies bei einer Arthritis als Folge einer Infektionskrankheit ist.

Weniger glücklich sind die vielen Patienten, die nach all den überstandenen Untersuchungen erfahren, daß sie an einer chronischen Form der Arthritis leiden. Das sind nicht nur ältere Menschen, deren Gelenke im Laufe eines langen Lebens verschlissen wurden. Die chronische Arthritis kommt immer häufiger auch bei jungen Leuten vor.
Diesen Patienten kann der Arzt kein Antibiotikum verordnen, das die Krankheit auf Anhieb ausheilt. Denn das Mittel, das bei chronischer Arthritis zuverlässig und bei allen Patienten wirkt, wurde bisher schlicht und einfach noch nicht erfunden.

Medikamente gegen die chronische Arthritis

Bei der Behandlung von Gelenkentzündungen sind die Medikamente mit dem schwierigen Namen »nichtsteroidale Antirheumatika« die Nummer eins: Fast jeder Arzt versucht zunächst, seinem Patienten mit diesen Mitteln zu helfen.

Nichtsteroidale Antirheumatika

Bei den nichtsteroidalen Antirheumatika – kurz NSAR genannt – handelt es sich beileibe um nichts Neues: Fast jeder Mensch nimmt sie hin und wieder ein, selbst wenn er nicht an Arthritis leidet. Denn der bekannteste Vertreter der NSAR ist die Azetylsalizylsäure, im guten alten Aspirin enthalten, das auch bei Erkältungen, Kopfschmerzen oder Grippe gute Dienste leistet.

»Dann nehm' ich halt die Medikamente ständig ein«, meint so mancher. Doch eine Dauerbehandlung mit NSAR ist nicht problemlos – und bei vielen Patienten überhaupt nicht möglich. Obwohl die meisten NSAR für kurze Zeit recht gut verträglich sind, kann eine dauerhafte Behandlung mit diesen Medikamenten schwere Nebenwirkungen hervorrufen.

NSAR – nicht nur von Vorteil

Die NSAR haben zwei Eigenschaften, die sie zu sehr beliebten und häufig verwendeten Medikamenten gemacht haben: Sie hemmen Entzündungen und lindern den Schmerz. Dadurch scheinen sie für die Behandlung der Arthritis ideal zu sein.

Doch leider sind die NSAR bei der Behandlung der Arthritis nicht ganz problemlos: Sie helfen zwar bei akutem Anfall recht gut, doch sobald der Kranke aufhört, die Medikamente einzunehmen, kehren die Schmerzen und die Entzündung wieder.

Die Azetylsalizylsäure, unter dem Namen Aspirin bekannt, zeigt bei einem akuten Schub gute Wirkung, kann aber wegen der Nebenwirkungen zur Dauerbehandlung nicht eingesetzt werden.

Die häufigsten Nebenwirkungen von NSAR

- Übelkeit
- Verdauungsbeschwerden
- Durchfall
- Magen- und Darmgeschwüre
- Kopfschmerzen
- Schwindel
- Seh- und Hörstörungen
- Störungen der Blutbildung
- Leberfunktionsstörungen
- Nierenfunktionsstörungen

Deshalb ist bei NSAR Vorsicht geboten: Sie sollten niemals länger eingenommen werden als unbedingt erforderlich. In der Behandlungszeit sind Kontrolluntersuchungen durch den Arzt zwingend notwendig. Zur Dauerbehandlung sind NSAR leider überhaupt nicht geeignet.

Patienten, die bereits an Magen- oder Darmgeschwüren leiden, sollten NSAR überhaupt nicht einnehmen. Wenn es gar nicht ohne Schmerzmittel geht, sind höchstens für eine kurze Zeit NSAR-haltige Zäpfchen erlaubt, die den Magen weniger belasten.

Die wichtigsten Vertreter der nichtsteroidalen Antirheumatika sind:

- Azetylsalizylsäure (ASS)
- Ibuprofen
- Phenylbutazon
- Indometazin.

Kortikoide

Wenn die Schmerzen im akuten Schub der Arthritis zu heftig sind und NSAR keine ausreichende Linderung verschaffen können, bringt der Arzt Kortikoide zum Einsatz. Diese Medikamente heißen genauer Glukokortikoide; manchmal werden sie auch Kortikosteroide oder einfach Steroide genannt. Es handelt sich um eine Gruppe von Hormonen und ihren Abkömmlingen, die beim Menschen in der Nebennierenrinde entstehen.

Die Wirkung der Kortikoide bei Arthritis ist verblüffend: Selbst bettlägerige Patienten, die sich wegen Schmerzen und Gelenksteife nicht mehr selbständig bewegen können, sind

nach einer Kortikoidspritze häufig in der Lage, aufzustehen und ohne fremde Hilfe zu gehen. Als die Kortikoide in den fünfziger Jahren in der Arthritistherapie eingeführt wurden, waren Ärzte und Patienten hellauf begeistert.
Doch leider hielt die Euphorie nicht lange vor. Denn schon nach kurzer Zeit stellte sich heraus: Sobald die Kortikoide abgesetzt werden, kehrt die Krankheit mit unverminderter Wucht wieder zurück. Und wird das Medikament weiterhin verabreicht, dauert es nicht lange, bis nicht unerhebliche Nebenwirkungen eintreten. Deshalb verordnen Ärzte Kortikoide nur dann, wenn es nicht mehr anders geht – und nur für kurze Zeit.

Nur langsam absetzen

Sollten Sie jetzt den Vorsatz gefaßt haben, von nun an lieber ohne Kortikoide auszukommen: Unterbrechen Sie bitte auf keinen Fall eigenmächtig eine bereits laufende Behandlung! Abruptes Absetzen des Medikaments kann lebensbedrohliche Störungen der Funktion der Nebennierenrinde herbeiführen! Deshalb wird Ihr Arzt immer, wenn er die Kortikoide wieder absetzen will, das Medikament langsam »ausschleichen« – d.h. allmählich, Schritt für Schritt, die Dosis des Medikaments verringern.

Die Nebenwirkungen von Kortikoiden

- Osteoporose (Knochenschwund)
- Muskelschwäche
- Glaukom (grüner Star)
- Depressionen
- Magenbeschwerden
- Impotenz
- Menstruationsstörungen
- Vermehrte Körperbehaarung
- Bluthochdruck
- Erhöhtes Thrombose- und Infektionsrisiko
- Verzögertes Wachstum bei Kindern

Es gibt sanftere Methoden, eine Arthritis im täglichen Leben erträglich zu machen, als Kortikoide. Wie Sie besser mit der Krankheit leben können, lesen Sie im Kapitel »Das können Sie selbst tun«.

Es gibt noch ein paar andere Substanzen, mit denen eine Basistherapie zumindest versuchsweise möglich ist: Sulfasalazin, Penizillamin, Pyritinol. Gemeinsam ist diesen Wirkstoffen, daß sie, ebenso wie die anderen Medikamente, nur bei einem Teil der Arthritiskranken wirksam sind. Und immer sind unerwünschte Nebenwirkungen durch diese Stoffe zu befürchten.

Auf lange Zeit – die Basistherapie

Eine Dauerbehandlung der chronischen Arthritis ist also leider weder mit den NSAR noch mit den Kortikoiden zu verantworten. Die meisten Patienten brauchen eine Behandlung, die ständig beibehalten wird. Eine solche Behandlung wird Basistherapie genannt. Wenn sie anspricht, treten die Attacken allmählich immer seltener auf, und der Arzt kann die einzelnen Schübe mit kurzfristigen Gaben von NSAR oder Kortikoiden vertreiben.
Doch leider klappt die Basistherapie nicht bei jedem Patienten. Selbst die wirksamsten Basismittel helfen bestenfalls bei jedem zweiten Arthritispatienten. Dem Arzt und dem Patienten bleibt nichts anderes übrig, als geduldig der Reihe nach die verschiedenen Medikamente auszuprobieren, um dasjenige herauszufinden, auf das der Patient anspricht.

Enzyme – die sanfte Alternative

Eine neue alte Methode wird in letzter Zeit immer häufiger als sanfte Alternative zur Basistherapie mit den Klassikern Gold oder Chloroquin angewendet: die sogenannte systemische Enzymtherapie. Dabei wird der Patient mit eiweißspaltenden (proteolytischen) Enzymen behandelt.
Enzyme sind kleine Eiweißmoleküle, die unser Körper selbst produziert oder über die Nahrung aufnimmt und die die Richtung und die Geschwindigkeit der verschiedenen Stoffwechselprozesse bestimmen. Auch bei den meisten Erkrankungen des rheumatischen Formenkreises leisten Enzyme gute Hilfe: Sie spalten Ablagerungen in den Gelenken, helfen den weißen Blutkörperchen, die Störenfriede zu beseitigen und tragen dazu bei, daß die Entzündung im Gelenk schneller vorübergeht.
Lesen Sie alles über die Hilfe, die Enzyme bei Arthritis bieten, im Kapitel »Enzymtherapie« ab Seite 76.

Heilen mit barem Gold

Was es mit der Goldtherapie genau auf sich hat, das würden die Ärzte liebend gern selbst genau wissen wollen. Doch auch in den neuesten Fachbüchern ist kein exakter Wirkmechanismus nachzulesen, wie das edle Metall auf die entzündeten Gelenke wirkt.
Festzustehen scheint, daß die chemischen Verbindungen von Gold (es werden Goldsalze verwendet) die Aktivität mancher Enzyme hemmen und auf diese Weise irgendwo in den Stoffwechsel eingreifen. Die Behandlung mit Gold hat sich bei 60 bis 70 Prozent aller Patienten mit rheumatoider Arthritis als gut wirksam erwiesen.
Doch auch das bare Gold ist nicht immer goldrichtig: Mal abgesehen von den 30 Prozent der Patienten, bei denen es nicht wirkt, leiden weitere 30 Prozent der Patienten an Nebenwirkungen dieser Behandlung.

NEBENWIRKUNGEN DER GOLDTHERAPIE
- *Entzündungen der Haut und der Schleimhäute (z. B. im Mund)*
- *Fieber*
- *Haarausfall*
- *Nierenerkrankungen*
- *Veränderungen des Blutbilds*

Malariamittel gegen Arthritis – Chloroquin

Chloroquin wurde zur Bekämpfung einer ganz anderen Krankheit, nämlich der Malaria, entwickelt. Mittlerweile stellte sich heraus, daß es – ebenso wie eine Reihe anderer Antimalariamittel – gut zur Behandlung der rheumatoiden Arthritis eingesetzt werden kann.
Auch diese Medikamente hemmen die Aktivität verschiedener Enzyme; sie hemmen auch den Verlauf von entzündlichen Reaktionen. Doch die Antimalariamittel wirken höchstens bei jedem zweiten Patienten mit chronischen Gelenkentzündungen – und das, obwohl sie eigentlich nur bei den leichteren Formen eingesetzt werden. Zudem sind auch die Antimalariamittel nicht ohne Nebenwirkungen. Deshalb sind während einer Behandlung mit Chloroquin oder anderen Antimalariamitteln regelmäßige Kontrolluntersuchungen unbedingt erforderlich.

NEBENWIRKUNGEN DES CHLOROQUINS
- *Übelkeit*
- *Erbrechen*
- *Durchfälle*
- *Nervenstörungen*
- *Haarausfall*
- *Hautveränderungen*
- *Herzkrankheiten*
- *Erkrankungen der Augen*

Wenn die Therapie wirkungslos bleibt

Auch wenn Sie zu den sogenannten therapieresistenten Patienten gehören – verzweifeln Sie nicht! Geben Sie die Hoffnung nicht auf, eine Behandlungsform zu finden, die Ihre Gelenkbeschwerden lindern kann!

Ein Teil der Patienten bleibt trotz gewissenhafter Suche nach einer wirksamen Behandlung glücklos: Das sind die sogenannten therapieresistenten Fälle, denen mit medikamentöser Behandlung nicht zu helfen ist.
Solche Patienten werden in eine andere Kategorie der Arthritis eingestuft. Für therapieresistente Arthritiden gibt es einige Behandlungsverfahren, mit denen es letztendlich doch noch möglich ist, die quälenden Gelenkschmerzen zu beseitigen. Doch zu welchem Preis!
Bei therapieresistenter Arthritis werden häufig Immunsuppressiva und Zytostatika eingesetzt. Immunsuppressiva sind Substanzen, die das körpereigene Abwehrsystem unterdrükken; Zytostatika sind Medikamente, die zur Behandlung von Krebs entwickelt wurden.

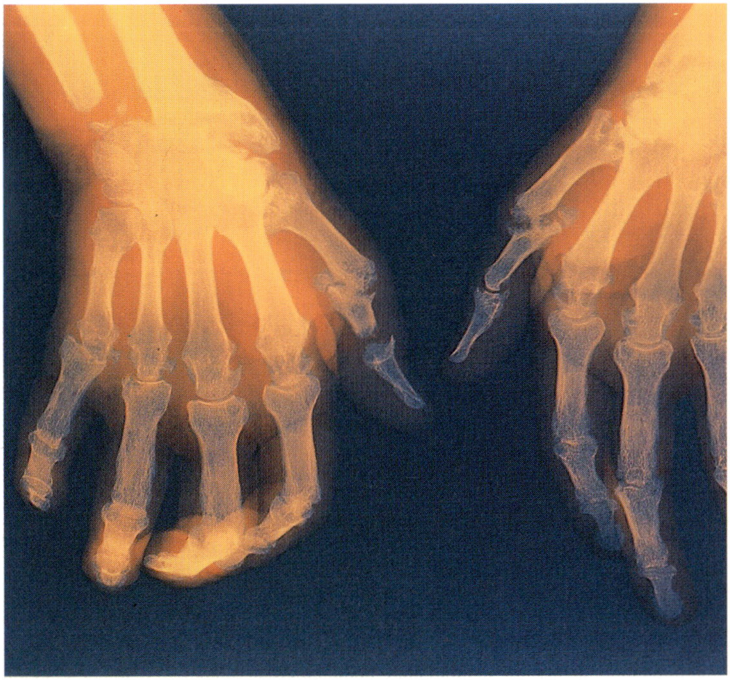

Rheumatoide Arthritis in fortgeschrittenem Stadium. Auf dem Röntgenbild sieht man, daß die Gelenke irreparabel verkrümmt sind.

Die »fehlgeleitete« Abwehr wird lahmgelegt

Eine Behandlung mit diesen Wirkstoffen kann oft die fehlgesteuerten Antikörper, die die eigenen Gelenke attackieren, in ihrer zerstörerischen Tätigkeit aufhalten. Doch gleichzeitig wird das gesamte Abwehrsystem lahmgelegt – der Patient ist allen anderen Krankheitserregern weitgehend hilflos ausgeliefert. Eine einfache Erkältung kann für einen so behandelten Patienten zum Verhängnis werden.
Nebenwirkungen von Suppressiva und Zytostatika:

- Veränderungen des Blutbilds
- Haarausfall
- Schleimhautprobleme
- Schwächung des Immunsystems
- Verhinderung des Eisprungs und der Spermienbildung
- Leberschäden
- Erbgutschädigende und krebserzeugende Wirkungen

Roßkur Radioaktivität

Auch eine radioaktive Bestrahlungen der Lymphknoten hilft bei manchen Patienten mit therapieresistenter Arthritis. Manchmal werden radioaktive Substanzen direkt in das schmerzende Gelenk gespritzt. Die Radioaktivität im Gelenk ist dann so hoch, daß das entzündete Gewebe regelrecht »weggebrannt« wird – manchmal wird dadurch aber auch das gesamte Gelenk zerstört. Der Patient kann im Anschluß an eine solche Behandlung an einer Strahlenkrankheit leiden, wie sie sonst nur bei Menschen vorkommt, die z. B. einen Atomunfall überlebt haben.
Wenn Ihr Arzt Ihre Arthritis als therapieresistent bezeichnet, heißt das, daß er Ihnen mit den herkömmlichen Behandlungsmethoden nicht zu Schmerz- und Bewegungsfreiheit verhelfen kann. Er wird Sie aber nicht ohne weiteres mit einer der drastischen Therapien behandeln.

NEBENWIRKUNGEN DER RADIOAKTIVITÄT

- *Knochenmarkschädigung*
- *Symptome der Strahlenkrankheit mit Müdigkeit, Durchfällen und Erbrechen*
- *Blutbildstörungen*
- *Infektionen*
- *Auslösung von Leukämie nicht ausgeschlossen*

Wenn die Gelenkentzündung während der Behandlung mit Antibiotika nicht schnell genug vergeht, der Patient an starken Schmerzen leidet, kann der Arzt schon mal mit NSAR oder auch Kortikoiden helfen. Es handelt sich nur um eine vorübergehende Zeit, bis die Antibiotika eine Wirkung zeigen und die Entzündung ausgeheilt ist.

Sanfte Methoden – auch in schweren Fällen

Versuchen Sie – auch als sogenannter therapieresistenter Fall – ohne diese Behandlungsmethoden auszukommen, die Ihren Organismus schwer belasten. Es gibt viele natürliche, sanfte Behandlungsmethoden, die Ihnen vielleicht nicht zu vollkommener Schmerzfreiheit verhelfen, Ihnen aber dennoch ein gutes Leben mit Ihrer Krankheit ermöglichen. Manchmal, mit viel Geduld, Ausdauer und zähem Kampf gegen die Arthritis, gibt sie sich dann doch geschlagen. Einen ernsthaften Versuch ist es allemal wert.

Hilfe bei reaktiver Arthritis und Gicht

Rheumatisches Fieber? Kein Problem!

Selbst die gefährlichste und am meisten gefürchtete Form der reaktiven Arthritis – das rheumatische Fieber – vergeht in aller Regel ohne bleibende Schäden an den Gelenken, wenn eine sachgerechte Behandlung mit Antibiotika rechtzeitig beginnt und ausreichend lange beibehalten wird.
Auch die äußerst schmerzhaften Gelenkentzündungen, die mit der Borreliose einhergehen, lassen sich in den allermeisten Fällen rasch und gründlich durch eine Behandlung mit Antibiotika vertreiben.

Jene reaktiven Arthritiden, die mit Viruskrankheiten einhergehen, verschwinden meistens von selbst, sobald der Patient die Krankheit überwunden hat. Bei Virusinfektionen wirken Antibiotika nicht – hier muß das körpereigene Immunsystem mit dem Erreger selbst fertigwerden. In diesen Fällen heißt es deshalb nur: Bettruhe, Vitamine, Schonung und Warten! Sobald sich der Organismus der Viren entledigt hat, beruhigen sich auch die Gelenke.

Nicht verschleppen!

So harmlos die reaktiven Arthritiden auch erscheinen mögen: Rückfälle oder chronische Verläufe sind immer möglich, wenn die Krankheit, mit der die Arthritis gekommen ist, nicht richtig behandelt oder verschleppt wird! Bei ersten deutlichen Anzeichen einer Gelenkentzündung heißt es deshalb: nichts wie hin zum Arzt! Kann sein, daß Sie nur ein paar Spritzen mit Antibiotika brauchen, um die Schmerzen innerhalb kurzer Zeit wieder loszuwerden – und vor allem, um die Gefahr einer immer wiederkehrenden, chronischen Arthritis zu bannen.

Bei Gicht gibt es etwas Besonderes

Auch die Gicht – so schmerzhaft sie sein mag – kann in den allermeisten Fällen sehr leicht behandelt werden. Meistens reicht schon Zurückhaltung bei der täglichen Ernährung aus. Wenn die Konzentration der Harnsäure im Blut zu hoch ist, muß der Arzt mit einem Medikament nachhelfen.
Hier gibt es zwei Möglichkeiten der chemischen Abhilfe: Entweder erhält der Patient ein Medikament, das die Ausscheidung der bereits im Blut vorhandenen Harnsäure beschleunigt (sogenannte Urikosurika), oder er nimmt Medikamente ein, die direkt in den Stoffwechsel eingreifen und verhindern, daß sich neue Harnsäure bildet (Urikostatika).

NEBENWIRKUNGEN DER URIKOSURIKA
- *Bildung von Nierensteinen*
- *Magen- und Darmbeschwerden*

Die Urikosurika, also die Beschleuniger der Ausscheidung, wirken meistens in den Nieren. Deshalb ist es wichtig, daß Menschen, die solche Medikamente einnehmen, gesunde Nieren haben. Wenn die Nierenfunktion nicht ganz stimmt, ist eine Behandlung mit Urikosurika nicht empfehlenswert.
Kein Medikament ohne Nebenwirkungen: Beide Medikamentenarten verursachen zu Beginn der Behandlung manchmal etwas recht Paradoxes: Sie rufen einen weiteren Gichtanfall hervor.

NEBENWIRKUNGEN DER URIKOSTATIKA
- *Magen- und Darmbeschwerden*
- *Veränderungen des Blutbilds*
- *Beeinträchtigung der Leberfunktion*

Bei Arthritis unters Messer?

Die Gelenkinnenhaut wird entfernt

Die harmloseste Gelenkoperation ist die sogenannte Synovialisektomie. Bei diesem Eingriff wird die entzündete Gelenkinnenhaut entfernt; das Gelenk kann sich anschließend wieder erholen, der Schmerz hört auf. So ein Eingriff ist aber nur bei beginnender Arthritis sinnvoll. Sobald Knorpel oder Knochen geschädigt sind, hilft eine Entfernung der Synovialis nicht mehr.

Alles besser mit neuem Gelenk?

Wie hilflos die Medizin auch heute noch bei der Arthritis ist, zeigen am anschaulichsten die ständig zunehmenden Zahlen von Operationen, bei denen kaputte Gelenke ersetzt werden. Es ist letztendlich eine Kapitulation der Ärzte vor der Krankheit: Sie können sie nicht heilen, also versuchen sie, die schmerzhaften Folgen wegzuoperieren.

Für viele von Arthritis Geplagte ist es ein wahrer Segen, daß heute die Möglichkeit besteht, ein krankes Gelenk zu entfernen und durch ein künstliches zu ersetzen. Viele Menschen fühlen sich wie neugeboren mit ihrer neuen Hüfte oder mit ihrem neuen Knie: Sie können sich wieder selbständig bewegen, können oft wieder ihre Arbeit oder ihr Hobby aufnehmen – und vor allem: Sie können wieder ohne den quälenden Schmerz leben.
Doch all diese schönen Errungenschaften der modernen Chirurgie dürfen nicht darüber hinwegtäuschen, daß eine Operation eben nur die zeitlich befristete Beseitigung der auffälligsten Folgen der Arthritis darstellt. Die Ursache der Krankheit wird damit nicht beseitigt: Häufig knabbert sie bald nach der Operation an einem anderen Gelenk weiter.

Weil ein künstliches Gelenk selten länger als zehn Jahre hält, werden Gelenkersetzungen im allgemeinen erst nach dem 50. Lebensjahr durchgeführt. Öfter als dreimal kann die Zauberoperation »aus alt mach neu« nämlich nicht wiederholt werden: dann ist das Material weg, auf dem das neue Gelenk aufgebaut werden muß.

Gelenkversteifung – Konkurserklärung der Medizin

Es gibt noch ein anderes Operationsverfahren, das manchmal bei Arthritis angewandt wird: die sogenannte Gelenkversteifung (Arthrodese). Dieser Eingriff ist so ziemlich das Letzte, was man einem entzündeten Gelenk antun kann: Man läßt es einfach so verwachsen, daß es aufhört, ein Gelenk zu sein.

Bei der Gelenkversteifung entfernt der Chirurg die Knorpelschicht von den Gelenkköpfen im entzündeten Gelenk und verbindet die beiden abgefrästen Knochen fest miteinander. Nach ein paar Tagen oder Wochen sind die beiden Knochen, die früher durch ein Gelenk beweglich miteinander verbunden waren, fest und dauerhaft zusammengewachsen; eine Bewegung ist in diesem ehemaligen Gelenk dann nicht mehr möglich. Dafür sind der Schmerz und die Entzündung endgültig beseitigt, denn den Angriffspunkt der Krankheit – das Gelenk – gibt es nicht mehr.

Man sollte sich bei einer beginnenden chronischen Arthritis nicht damit trösten, daß man die Gelenke chirurgisch verändern oder sich einfach ein neues Gelenk einsetzen lassen kann. Besser ist es, mit vollem Engagement den Kampf gegen die Krankheit gleich an mehreren Fronten aufzunehmen.

Radikal – aber keine Lösung

Selbstverständlich wird der Chirurg das Gelenk in einer Lage versteifen, die den Patienten anschließend in seiner Bewegungsfreiheit nicht allzusehr einschränkt. Wird beispielsweise ein Gelenk am kleinen Finger versteift – etwa in einer leicht gekrümmten Position –, so kann man sich ein ungestörtes Leben mit diesem Finger vorstellen, sofern es sich bei dem Patienten nicht gerade um einen Konzertpianisten handelt. Doch wenn etwa ein Kniegelenk dauerhaft versteift werden soll, wird man sich der Dimensionen bewußt, die eine solche Operation hat.

Die Gelenkversteifung ist eine Art Konkurserklärung der Medizin in besonders schweren Fällen der Arthritis. Als echte Alternative zur Behandlung oder als Lösung des Problems ist sie selbstverständlich nicht geeignet.

Fangopackungen setzen heilende Wärme frei.

Mit Händen heilen – die Physiotherapie

Die wirksame Begleitbehandlung

Insbesondere bei chronischen Formen der Arthritis ist eine schnell wirksame Behandlung nicht möglich. Da der Patient meistens an starken Schmerzen leidet, ist es selbstverständlich, daß der Arzt alle Register zieht, um dem Kranken zu helfen. Und so kommt es, daß bei der chronischen Arthritis auch überzeugte Schulmediziner gerne auf die Hilfe begleitender Maßnahmen aus der Naturheilkunde zurückgreifen.

Mit Pillenschlucken ist es nicht getan

Bei der Arthritis gibt es keine Möglichkeit, sich durch Pillenschlucken oder Injektionen der Krankheit und der ständigen Schmerzen zu entledigen. Wer konsequent gegen die Krankheit ankämpfen will, muß diesen Kampf täglich erneut aufnehmen – auch wenn das manchmal belastend und mühsam ist. Die wirksamsten Methoden der Naturheilmedizin, die auch die Schulmedizin akzeptiert, werden unter dem Begriff »Physiotherapie« zusammengefaßt.

Neben den hier aufgeführten gibt es noch andere Verfahren in der Naturheilkunde, deren Wirkung allerdings nicht unumstritten ist. Wir empfehlen Ihnen, sich zunächst an die nebenstehende Liste zu halten.

Bei der Behandlung der Arthritis haben sich vor allem folgende physiotherapeutischen Verfahren bewährt:

- Massagen
- Aktive und passive Übungen
- Wasseranwendungen
- Wärmetherapie
- Kältetherapie

Für Leib und Seele – Massagen

Zur Massage zu gehen, gehörte einst beinahe zum guten Ton. Heutzutage, in Zeiten rigider Einsparungen im Gesundheitswesen, müssen viele Menschen in die eigene Tasche greifen, wenn sie sich den wohltuenden Händen eines Masseurs oder einer Masseurin anvertrauen wollen.
Für Arthritiskranke gilt diese Einschränkung nicht. Massagen zählen zu den therapeutischen Maßnahmen, die aus der Behandlung der Arthritis nicht mehr wegzudenken sind, und selbst der sparsamste Arzt wird sich die Behandlung einer chronischen Gelenkentzündung ohne eine begleitende Massage nicht vorstellen können. Und in der Regel stellen sich auch die Krankenkassen nicht quer. Immerhin können Massagen den Verbrauch von Schmerzmitteln, NSAR und Kortikoiden deutlich senken – was ja auch einen nicht unerheblichen Kostenfaktor darstellt.

Bindegewebsmassage

**Bindegewebsmassagen haben sich bei allen Formen von Rheumatismus bestens bewährt. Bei dieser Massageform werden ganz bestimmte Hautbezirke geknetet.
Da jedes innere Organ und auch jedes Gelenk über ein ganzes Gespinst von Nerven und Nervenenden mit den äußeren Hautschichten verbunden ist, können diese inneren Körperteile über die Behandlung der entsprechenden Hautpartien beeinflußt werden.**

Die Bindegewebsmassage ist eine Behandlungsmethode, die nur von einem qualifizierten Physiotherapeuten durchgeführt werden darf. Wird sie nicht fachgerecht vorgenommen, können unangenehme Nebenwirkungen auftreten – etwa Übelkeit, Kopfschmerzen, Atemnot und Herzklopfen. Versuchen Sie deshalb nicht, diese Art von Massage selbst an sich durchzuführen – Sie können mehr Schaden anrichten als Nutzen daraus ziehen.

**Nach einer Bindegewebsmassage fühlt man sich oft extrem müde. Sorgen Sie deshalb dafür, daß Sie im Anschluß an die Massage die Gelegenheit finden, sich eine, besser noch zwei Stunden auszuruhen.
Auf keinen Fall sollten Sie sich gleich ans Steuer Ihres Autos setzen und selbst nach Hause fahren, denn wegen der großen Müdigkeit ist die Unfallgefahr erhöht!**

Unterwassermassage

Viele Arthritiskranke schwören auf die Unterwassermassage. Tatsächlich bietet diese Art von Massage viele Vorteile.
Im Wasser sind alle Gliedmaßen leichter, die Bewegungen in den kranken Gelenken tun also nicht so weh wie draußen. Das hat den Begleiteffekt, daß manch ein Patient sich nach einer solchen Massage dazu aufraffen kann, ein paar Übungen regelmäßig zu Hause durchzuführen – was für die kranken Gelenke ganz besonders wichtig ist.

Bei der rheumatoiden Arthritis, bei der Bechterewschen Krankheit und überhaupt bei allen Formen der Arthritis sind Unterwassermassagen eine hervorragende Hilfe. Trotzdem werden sie nicht allen Menschen empfohlen: Im akuten Stadium der Erkrankung und während einer Schwangerschaft sind Unterwassermassagen nicht erlaubt, und bei Menschen über 65 Jahren sollten sie – wegen der großen Belastung des Kreislaufsystems – ebenfalls nicht angewendet werden.

Bewegungsübungen sind das A und O der Behandlung

Die Physiotherapie ist eine Bewegungstherapie, die Ihren Gelenken guttut, ohne daß Sie zusätzliche Schmerzen erleiden müssen.

Wer schon einmal zugesehen hat, wie Physiotherapeuten die Bewegungsübungen mit den Patienten durchführen, der weiß: Bei diesen Übungen geht es ganz anders zu als etwa bei einer Gymnastikstunde. Der Therapeut kniet neben dem Patienten und bewegt dessen schmerzende Körperteile sachte, kundig, sanft – und der Patient staunt: Bewegungen, die er eben noch nicht durchführen konnte, sind möglich und gar nicht so schmerzhaft. Physiotherapeuten haben gelernt, wie sie ein krankes Gelenk belasten sollen, damit es wieder in Schwung kommt, ohne zu schmerzen; sie entlasten den Körper, heben und drehen die Arme und Beine ihrer Patienten,

und am Ende einer solchen Sitzung fragt sich manch einer, wer denn nun mehr geschafft sei – der Patient oder vielleicht doch sein Therapeut?
Vor den Übungen mit einem geschulten Physiotherapeuten braucht kein Patient Angst zu haben, denn die Schmerzgrenze wird nicht überschritten. Und die kranken Gelenke brauchen nichts so dringend wie die regelmäßige Bewegung.

Wer rastet, der rostet!

Manche Bewegungsübungen können Sie auch selbst durchführen. Wenn es Ihnen wieder besser geht, wird Ihnen Ihr Therapeut auch solche Übungen zeigen, die Sie ohne fremde Hilfe zu Hause selbständig durchführen können, um Ihren Gelenken wieder auf die Sprünge zu helfen. Sie sollten diese Übungen dann möglichst dauerhaft in Ihr alltägliches Programm aufnehmen.

TIP
Die hier genannten physiotherapeutischen Behandlungen sind für Arthritiskranke und auch für Patienten, die unter Arthrose (Gelenkabnutzung) leiden, geeignet.

Wasseranwendungen

Wenn es um Wasseranwendungen geht, sind sich die klassischen Schulmediziner und die Anhänger von Naturheilverfahren einig: Ob man die einzelnen Maßnahmen nun nach dem berühmten Naturheilkundigen Sebastian Kneipp benennt oder lieber als Hydro- und Balneotherapie bezeichnet, ist Geschmackssache – so oder so werden die heilsamen Eigenschaften von unterschiedlich temperiertem Wasser in verschiedenen Darreichungsformen zum Wohl des Kranken genutzt.
Das Wasser wird für Wickel, Güsse und Bäder (mal ohne, mal mit Kräuterzusätzen) verwendet. Und weil die Wasseranwendungen hervorragend auch zu Hause durchgeführt werden können, wollen wir uns erst im folgenden Kapitel, wenn es um die Möglichkeiten der Selbstbehandlung geht,

Durch den Auftrieb des Wassers fällt Patienten mit Gelenkerkrankungen die Bewegung im Schwimmbad deutlich leichter als an Land. Viele Therapien bauen auf diesem Effekt auf.

Bevor Sie zur Selbsthilfe greifen, gilt auch bei Wasseranwendungen: Bitten Sie erst einmal einen guten Physiotherapeuten um Rat!

eingehend damit beschäftigen. Immerhin: Es ist gut zu wissen, daß solche altbewährten Hausmittel den Einzug in die Schulmedizin längst geschafft haben und daß sie auch auf Rezept durchgeführt werden können, wenn Ihr Arzt sie verordnet.

Die wichtigsten Wasseranwendungen

Die meisten Wasseranwendungen sollten allerdings nur von geschulten Fachkräften (geprüfter Bademeister oder Bademeisterin, Physiotherapeuten) durchgeführt werden. Dazu gehören:

- Bewegungsbad
- Kälteanwendungen
- Heiße Rolle
- Fangopackungen

Bewegungsbad

Beim Bewegungsbad wird in angenehm warmem Wasser (wohlige 36 °C) etwa eine halbe Stunde lang geübt. Ähnlich wie bei der Unterwassermassage trifft auch für das Bewegungsbad zu: Im wohltemperierten Wasser wird die Psyche gratis mitbehandelt, was wiederum den verspannten Muskeln äußerst guttut. Die Gliedmaßen werden von der Auftriebskraft des Wassers getragen, Bewegungen werden leichter, Schmerzen verschwinden. Deshalb sind im Bewegungsbad z.B. Gehübungen möglich, für die der Arthritispatient sonst Krücken braucht. Im Wasser wiegt der Mensch nur zehn Prozent seines normalen Gewichts – welch eine Wonne für strapazierte Hüft- und Kniegelenke!

Dabei kann schon mal der Kreislauf ordentlich ins Wanken geraten. Wer herzkrank ist oder an Asthma leidet, mit dem Blutdruck Probleme hat oder vielleicht gerade an einer fieberhaften Erkrankung leidet, für den ist so ein Bewegungsbad nicht geeignet.

TIP

Von allen Formen der Wärmebehandlung ist die heiße Rolle am einfachsten zu Hause einzusetzen. Wenn Sie sich vom Physiotherapeuten zeigen lassen, wie es geht, können Sie ohne großen Aufwand sich selbst oder Ihre Familienmitglieder weiterbehandeln.

Wärmebehandlung

Wärmebehandlung kann sowohl im akuten Schub auf verspannte Muskelgruppen als auch im schmerzfreien Intervall angewendet werden. Besonders bewährt und beliebt sind die heiße Rolle und Fangopackungen.

Bei der heißen Rolle werden Frotteetücher zusammengerollt und mit kochendem Wasser getränkt. Wenn die Temperatur dieses Zylinders bis auf 67 °C gesunken ist, kann mit der Behandlung begonnen werden: Jetzt werden die verspannten Bereiche der Haut betupft oder die Handtücher über die betreffende Hautpartie gerollt. Die heiße Rolle hat zwei große Vorteile gegenüber der Fangopackung: Es kommt zu keinem Hitzestau, und sie kann auch ganz einfach zu Hause angewendet werden.

Vielseitiger Fango

Viele Patienten empfinden die von der Fangopackung ausgehende entspannende Wärme als so wohlig und angenehm, daß sie während der Fangobehandlung einschlafen. Deshalb werden Fangopackungen nicht nur bei rheumatischen Erkrankungen, sondern bei einer ganzen Reihe anderer Beschwerden und insbesondere auch bei Streß und allgemeiner Nervosität empfohlen.

Leider gibt es auch für die angenehme Fangoanwendung ein paar Einschränkungen: Bei manchen Herzkrankheiten, bei zu niedrigem Blutdruck, im akuten Schub der Arthritis, bei Fieber, bei Hitzeunverträglichkeit und während der Schwangerschaft sind insbesondere großflächige Packungen nicht zu empfehlen.

Eine Fangopackung kann einmal täglich angewendet werden; oft wird sie vor krankengymnastischen Übungen oder Massagen empfohlen, weil sich die verspannten Muskeln entspannen und so optimal auf die nachfolgenden Maßnahmen vorbereitet werden. Die Fangopackung besteht aus einem Tuch, auf dem das Fangogemisch (aus Vulkangestein und Paraffin) verteilt ist. Das Ganze wird bei einer Temperatur von 45 bis 50 °C angelegt und soll etwa 10 bis 20 Minuten einwirken. Inzwischen gibt es auch fertige Fangopackungen in der Apotheke, die Sie zu Hause selbst anwenden können.

Kälteanwendungen

Bei akut entzündeten Gelenken kann nicht nur Wärme, sondern auch Kälte ein wahrer Segen sein. Das mag sich unlogisch anhören, ist aber so: Die heißen, entzündeten Gelenke beruhigen sich, der Schmerz läßt nach.

Es gibt verschiedene Methoden, wie die Kälte am günstigsten an die entzündeten Bezirke herangeführt werden kann: So werden z.B. Eisstücke oder Eis-Chips im Beutel, eisgekühlte Tücher, eiskaltes Wasser oder Kältedampf angewendet. All das wirkt entzündungshemmend und lindert den Schmerz. Deshalb eignen sich diese Behandlungsformen weniger zur Langzeittherapie, sondern vor allem zum Einsatz bei einem akuten Schmerzschub.

Vorsicht, Scharlatane am Werk!

Die allermeisten chronisch Kranken suchen früher oder später auch bei sogenannten Außenseitern Hilfe, bei Heilkundigen der verschiedensten Richtungen. Grundsätzlich ist das nicht abzulehnen – es gibt viele unterschiedliche Möglichkeiten, sich mit einem chronischen Leiden zu arrangieren. Häufig ist schon hilfreich, wenn sich jemand die Zeit nimmt, dem Kranken ausführlich zuzuhören.

Doch es gibt auch viele selbsternannte Wunderheiler, die die Not von solchen Menschen ausnutzen, die von einer langwierigen Krankheit geplagt werden. Gerade auf dem Gebiet der chronischen Krankheiten wittern sie gute Geschäfte.

Viele Arthritispatienten haben schon viel Geld für unwirksame, sinnlose und oft auch unseriöse Behandlungsmethoden hingeblättert.

So erkennen Sie Scharlatane

1

Seien Sie hellhörig, wenn Ihnen jemand – oft mit einem Titel, der in Deutschland unbekannt oder nicht anerkannt ist – rasche und zuverlässige Befreiung von Ihren Beschwerden verspricht. Kein seriöser Mensch kann Ihnen bei der Behandlung der chronischen Arthritis mit hundertprozentiger Sicherheit eine rasche Heilung zusagen. Tut er das dennoch – womöglich noch pauschal, bevor er Sie und Ihre Probleme genau kennt –, so ist Vorsicht geboten.

2

Vorsicht ist auch dann angebracht, wenn Sie schon im voraus aufgefordert werden, einen bestimmten Betrag zu bezahlen, insbesondere dann, wenn es sich um eine größere Summe handelt. Hohe Preise sind übrigens keineswegs eine Garantie für gute Qualität – das kennen Sie sicher auch aus anderen Lebensbereichen. Prüfen Sie deshalb eingehend, ob das Angebotene dem Preis entspricht, und besprechen Sie sich eventuell mit Ihrem Hausarzt.

Tip

Sicher gibt es auch sinnvolle Leistungen, die Sie aus eigener Tasche bezahlen müssen – etwa die Behandlung beim Heilpraktiker (sofern Sie nicht privat versichert sind) oder verschiedene Kuren. Dennoch lohnt es, sich bei der zuständigen Krankenkasse zu erkundigen, welche vergleichbaren Leistungen auf Kassenrezept möglich sind. Oft werden ähnliche Maßnahmen von den Krankenkassen selbst kostenlos durchgeführt, oder die Kasse gewährt zumindest einen Zuschuß. Fragen kostet nichts, und Sie können dabei nur gewinnen.

Bewegung – die beste Vorbeugung.

Das können Sie selbst tun

Bewegung, Bewegung, Bewegung

Ein altes Sprichwort besagt: »Hilf dir selbst, dann hilft dir Gott.« Dies trifft für viele Lebenslagen zu – ganz besonders aber für Menschen, die von langwierigen, chronischen Gelenkschmerzen geplagt werden.
Zum Glück gibt es vieles, was man selbst gegen die Schmerzen und gegen das Fortschreiten der Krankheit tun kann. Körperliche Behinderung, Pflegebedürftigkeit, Rollstuhl – in den allermeisten Fällen müßte es gar nicht so weit kommen, wenn der behandelnde Arzt und vor allem der Kranke selbst von vornherein alles tun würden, was getan werden kann, um der Krankheit Grenzen zu setzen.

Resignieren Sie nicht, wenn Sie die Diagnose »chronische Arthritis« erhalten. Nehmen Sie den Kampf gegen die Krankheit und deren Folgen auf. Sie können sehr viel für sich tun. Dasselbe gilt für Patienten, die unter Gelenkabnützung, also Arthrose, leiden.

Selbsthilfe ist möglich

Bei chronischer Arthritis ist die Selbsthilfe auf drei tragenden Säulen aufgebaut:

- Bewegung
- Wasser-, Kälte- und Wärmeanwendungen
- Gesunde Ernährung

Was tun Sie, wenn ein Klappstuhl klemmt, ein Hebel sich nicht leicht genug bewegen läßt, eine Schere festsitzt? Sie werden das Ding nicht sofort wegwerfen, sondern reparieren. Und das bedeutet, Sie werden es mit etwas Öl schmieren und anschließend ordentlich durchbewegen. Irgendwann geht es dann wieder leichter.

Die Gelenke schmieren

Genauso verhält es sich mit Ihren Gelenken. Wenn sie erst einmal steif geworden sind, wäre es sicher am bequemsten und täte am wenigsten weh, wenn Sie sie einfach in Ruhe ließen. Doch gerade das ist das Ärgste, was Sie tun können. Schließlich brauchen Sie Ihre Gelenke noch. Je länger Sie sie ruhen lassen, um so schwerer wird es dann sein, sie irgendwann einmal wieder in Gang zu bringen. Fangen Sie also so früh wie möglich mit den täglichen, gezielten Übungen an, bauen Sie sie fest in Ihren Tagesablauf ein!

Die Bewegungsübungen sind aus zwei Gründen wichtig:
- Um dauerhafte Versteifungen zu vermeiden
- Um die Blutzirkulation im befallenen Gelenk in Schwung zu bringen.

Dadurch kann die Schwellung allmählich wieder abklingen, und das Gelenk wird mit wichtigen Nährstoffen versorgt. Bei den Bewegungsübungen darf allerdings die Schmerzgrenze nicht überschritten werden. Deshalb ist es wichtig, daß Sie die Übungen – zumindest am Anfang – nicht allein durchführen, sondern unter Anleitung und Aufsicht eines Physiotherapeuten.

Erkundigen Sie sich rechtzeitig bei Ihrer Krankenversicherung, welche Art von Behandlungen übernommen werden. Fast alle Kassen bezahlen heute auch Wasser-, Kälte- und Wärmeanwendungen.

Am besten mit Trainer

Am besten ist es, wenn Sie so oft und so lange wie möglich die Hilfe eines qualifizierten Physiotherapeuten in Anspruch nehmen. Ihr Arzt kann Ihnen eine Serie von Bewegungsübungen auf Kassenrezept verordnen. Wenn es Ihnen besonders schlecht geht, wird Sie der Physiotherapeut oder der Krankengymnast auch zu Hause besuchen, um mit Ihnen zu üben. In begründeten Fällen übernimmt die Krankenkasse die Kosten für die Hausbesuche.

Denn selbstverständlich sollen Sie Ihre Gelenke nicht planlos belasten und sich selbst Schmerzen zufügen. Die Bewegungstherapie muß erträglich bleiben und darf die bei jedem Patienten individuell verschiedene Schmerzgrenze nicht überschreiten.

Bei akuten Entzündungen pausieren

WICHTIG
Versäumen Sie auch nicht, genau hinzugucken und sich zu merken, welche Bewegungsübungen der Physiotherapeut mit Ihnen durchführt und wie er es macht. Fragen Sie ihn, welche Übungen Sie später, wenn es Ihnen wieder bessergeht, allein zu Hause weiterführen können.

Lediglich bei akuten Entzündungen dürfen und sollen Sie eine Pause einlegen, denn akut erkrankte Gelenke brauchen tatsächlich Ruhe – und zur Not sogar eine schmerzstillende Spritze. Sobald der akute Schub vorbei ist, ist auch die Schonfrist für Ihre kranken Gelenke zu Ende; sie müssen wieder an die Arbeit und vorsichtig bewegt werden – selbst wenn es sich dabei nur um Millimeter handelt!

Sport treiben

In beschwerdefreien Zeiten können und sollen Sie regelmäßig Sport treiben. Wählen Sie eine Sportart, die Ihren persönlichen Interessen und Ihrer individuellen Kondition am besten entspricht. Wenn Sie an einer bestimmten Sportart besonders interessiert, aber unsicher sind, ob sie Ihren Gelenken schaden könnte, fragen Sie vorher Ihren Arzt. Es ist wichtig, daß Sie Spaß an der Sache haben!
Doch nicht jeder Sport ist für jeden gleichermaßen geeignet: Wer auf dem flachen Land lebt, kann kaum regelmäßig in den Bergen wandern, und Skilanglauf kann in unseren Breitengraden ebenfalls nicht immer ausgeübt werden. Aus diesen Gründen sind Gehen, Schwimmen, Radfahren und Laufen für die meisten Menschen die am besten geeigneten Sportarten. Achten Sie darauf, daß Sie beim Ausüben Ihrer Sportart richtig gekleidet sind – ziehen Sie sich nicht zu warm an! Ein naßgeschwitztes Hemd, eventuell aus Kunstfaser, kann leicht zu einer handfesten Erkältung führen.

So trainieren Sie richtig

1

Zuerst aufwärmen!

Sie können einiges dafür tun, damit die täglichen Übungen nicht allzu beschwerlich werden.
So ist es beispielsweise hilfreich, wenn Sie die Gelenke und die verspannten Muskeln vor den Übungen so richtig durchwärmen. Versuchen Sie es – etwa durch Auflegen eines Heublumensacks (siehe Kapitel »Wärmeanwendungen«, Seite 63). Auch ein warmes Bewegungsbad ist eine hervorragende Sache, um sich auf die Bewegungsübungen vorzubereiten – doch das sollten Sie nicht machen, wenn Sie allein üben. Durch das warme Bad wird das Herz- und Kreislaufsystem sehr beansprucht. Es reicht aus, wenn Sie – lokal – das eine oder andere schmerzende Gelenk aufwärmen. Auch Einreiben mit einer Heublumen- oder arnikahaltigen Salbe (aus der Apotheke) kann die Gelenke gut auf die nachfolgenden Übungen vorbereiten.

2

Im Rhythmus bleiben!

Sicher kennen auch Sie schon Ihren persönlichen Tagesablauf fürs Wohlbefinden: Vielleicht haben Sie morgens die stärksten Schmerzen und fühlen sich nachmittags besser. Andere Arthritiskranke haben vielleicht einen ganz anderen Tagesrhythmus: Für sie gilt vielleicht das sprichwörtliche »Morgenstund' hat Gold im Mund«, und abends sind sie wie gerädert. Nehmen Sie Rücksicht auf Ihren persönlichen Rhythmus, wenn Sie Ihre Übungstermine planen: Üben Sie dann, wenn Sie sich erfahrungsgemäß am besten fühlen.

3

Nicht einseitig werden!

Vergessen Sie über die Arthritisschmerzen Ihre gesunden Gelenke nicht! Sie müssen ebenfalls regelmäßig mitbewegt werden. Dadurch vermindern Sie die Gefahr erheblich, daß diese demnächst ebenfalls von der Arthritis befallen werden.

Ihre individuelle Konstitution muß bei jedem Übungsprogramm berücksichtigt werden. Ein Zuviel kann ebenso schädlich sein wie zuwenig Bewegung.

Die besten Sportarten

Besonders zu empfehlen sind Sportarten, die die Ausdauer steigern, denn sie kräftigen den gesamten Organismus und beugen einer Osteoporose vor. Zu diesen Sportarten zählen vor allem:

- **Gehen und Laufen**
- **Schwimmen**
- **Radfahren**
- **Rudern**
- **Skilanglauf**
- **Bergwandern**
- **Tanzen**

Tragen Sie beim Sport naturbelassene, atmungsaktive Wäsche und nicht zu schwere Oberbekleidung. Hier lohnt sich die Anschaffung einer Jacke aus atmungsaktiver Mikrofaser, die den Schweiß nach außen, Wind und Regen aber nicht nach innen läßt.

Ozon – schlimmer als schlechtes Wetter

Erhöhte Ozonwerte in den Sommermonaten sind vor allem in den letzten Jahren aufgetreten. Der Anstieg ist auf eine Schädigung der Ozonschicht durch FCKW (Fluorchlorkohlenwasserstoffe) zurückzuführen.

»Es gibt kein schlechtes Wetter, es gibt nur schlechte Kleidung«, sagt ein Sprichwort. Dem ist kaum etwas entgegenzuhalten: Richtig gekleidet dürfen – und sollten – Sie täglich Ihrem Sport nachgehen. Bleiben Sie, wenn es draußen recht frisch ist, in Bewegung; geben Sie acht, daß Sie nicht durchnäßt werden, und halten Sie sich nicht verschwitzt im kalten Wind oder Regen auf.

Im Sommer kann schon eher mal eine witterungsbedingte Pause sinnvoll sein: An so manchem strahlenden Sonnentag klettern die Ozonwerte in die Höhe. Ab einer Konzentration von 180 Mikrogramm in einem Kubikmeter Atemluft sollten Sie sich im Freien körperlich nicht anstrengen – es könnten sich Husten, Kopfschmerzen und Atembeschwerden einstellen. Achten Sie deshalb auf die Durchsagen im lokalen Hörfunk oder auf die Mitteilungen des Ozontelefons, das in den meisten Bundesländern im Sommer die aktuellen Werte durchgibt.

Mit Kindern üben

Ein besonderes Kapitel stellen die regelmäßigen Übungen mit kleinen Arthritispatienten dar. Die Kinder sind – verständlicherweise – nicht begeistert, wenn sie dazu angehalten werden, regelmäßig zu üben, wo es doch so weh tut. Doch gerade bei den kindlichen Formen der Arthritis sind regelmäßige Übungen wichtiger als jede andere Behandlung: Nur so kann verhindert werden, daß dauerhafte Schäden an den Gelenken zurückbleiben.
Sagen Sie also nicht: Wozu soll sich das arme kranke Kind auch noch mit Übungen quälen – lieber soll es ein paar Tabletten schlucken! Die Medikamente sind für das Kind gefährlich – und ohne passende Bewegungsübungen ohnehin fast nichts wert. Sie können zwar Schmerzen lindern, doch die entzündeten Gelenke können in einer unnatürlichen Position dauerhaft versteifen und so zu einer bleibenden körperlichen Behinderung führen.

Kinder sind leicht zu begeistern

Zum Glück lassen sich Kinder relativ leicht zur Zusammenarbeit motivieren. Nehmen Sie sich Zeit, und suchen Sie nach einem Physiotherapeuten oder einem Krankengymnasten, der gerne mit Kindern arbeitet und sich auch die Zeit nimmt, zu Ihrem Kind einen persönlichen Draht zu finden. Dieser Therapeut bringt es vielleicht sogar fertig, daß auch schmerzhafte Übungen Spaß machen, denn das Kind sieht dabei, daß es vieles schaffen kann, was es sich vorher nicht zugetraut hätte.
Selbstverständlich ist es wichtig, daß Sie bei den ersten krankengymnastischen Übungen mit dabei sind und mitlernen. Dann können Sie mit der Zeit die Übungen zu Hause mit Ihrem Kind auch allein fortführen bzw. Ihr Kind allein zum Üben schicken.

TIP

Spannen Sie die Verwandtschaft ein!
Die regelmäßigen Übungen erfordern viel Zeit und viele Opfer von den Eltern.
Oft sind auch die gesunden Geschwister benachteiligt, weil Mutter oder Vater so wenig Zeit für sie haben.
Es ist deshalb wichtig, daß Großeltern, Tanten oder gute Freunde einspringen, sooft sie können – und sei es nur, um sich der gesunden Geschwister anzunehmen und mit ihnen etwa den Zoo oder einen Vergnügungspark zu besuchen, wenn das kranke Kind nicht mitgehen kann.

Wasseranwendungen zu Hause

Schon die alten Römer...

Fast könnte man meinen, Wasseranwendungen seien eine deutsche Erfindung: Der Pfarrer Sebastian Kneipp hat eine solche Popularität durch seine Wasserkuren erreicht, daß man glatt vergessen könnte, daß Wasser schon im alten Rom ein bewährtes Heilmittel bei den verschiedensten Erkrankungen war.
Eine konsequente Behandlung von Gelenkentzündungen ist ohne Wasseranwendungen kaum denkbar. Das Immunsystem des Patienten wird wirksam gestärkt; gleichzeitig verbessert sich die Durchblutung. Beides ist im Kampf gegen die Arthritis eine unverzichtbare Hilfe. So wird den Arthritiskranken auch in Krankenhäusern regelmäßig Wassertherapie verordnet. Das ist gut so, denn Sie können nicht alle Formen der Wasseranwendungen zu Hause selbst durchführen. Die meisten Haushalte verfügen nun mal nicht über ein wohltemperiertes Schwimm- oder Tauchbecken.

Der griechische Arzt Hippokrates war in vielerlei Hinsicht zukunftsweisend. Neben der Wirkung von Wassergüssen hat er die Bedeutung von Lebensweise, Ernährung und Umwelt eines Menschen für die Entstehung von Krankheiten erkannt.

- Doch manche Formen der Wasseranwendungen können Sie auch zu Hause durchführen, wenn Sie beim Bademeister gelernt haben, wie es richtig gemacht wird. Vergessen Sie deshalb nicht, genau zuzusehen und sich zu merken, wie es gemacht wird.

Güsse

Güsse haben eine lange Tradition – schon der altgriechische Arzt Hippokrates, der im 5. Jahrhundert vor Christus lebte, hat Begießungen mit warmem oder kaltem Wasser empfohlen. Bereits damals war bekannt, daß Güsse beim Podagra (der Gicht in den Füßen) Erleichterung und Schmerzlinderung bringen.

Die Gußtechnik hat Jahrtausende überstanden. Heute wie damals wird Wert darauf gelegt, daß das Wasser nicht, wie etwa bei der Wassermassage, unter Druck auf den Körper trifft, sondern frei fließt und den Körper sanft umspült.

Grundregeln sind:

- Güsse niemals in einem kalten Baderaum verabreichen!
- Die Dauer des Gusses muß dem Wohlbefinden des Patienten angepaßt sein.
- Bei schwachen oder akut erkrankten Personen sollte die Gießzeit nicht länger als 40 bis 50 Sekunden betragen.
- Auch die Stärke des Gusses richtet sich nach dem Befinden des Patienten.

WICHTIG

Behandeln Sie auf keinen Fall einen kalten, frierenden Körper oder kalte Gliedmaßen mit einer Kaltwasseranwendung. Sie müssen Ihren Körper unbedingt vorher aufwärmen!

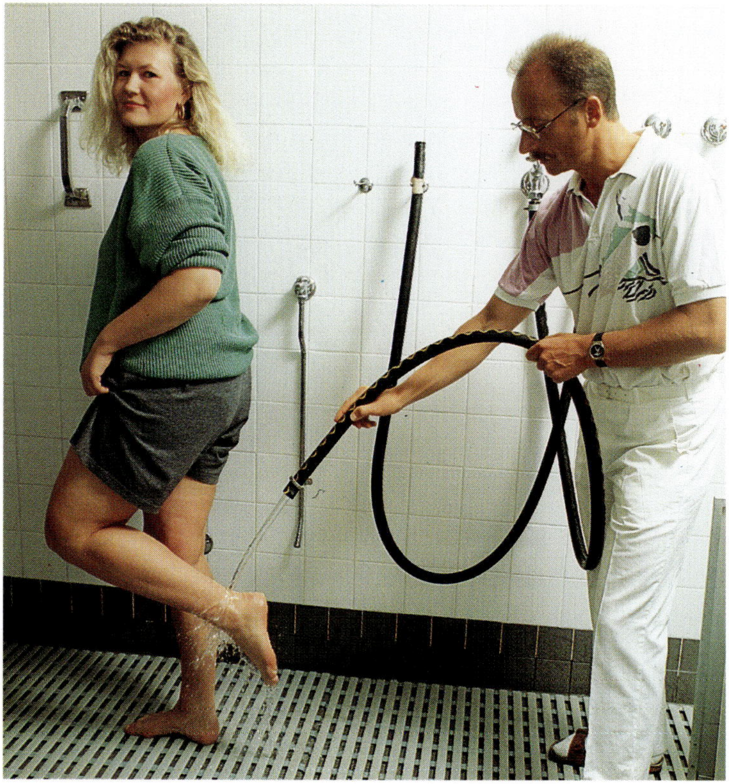

Seit mehr als zwei Jahrtausenden weiß die Menschheit um die segensreiche Wirkung von Wassergüssen bei Gelenkschmerzen. Einige der Güsse können Sie auch zu Hause anwenden.

Wenn Sie beim Bademeister gelernt haben, wie Sie die einzelnen Güsse durchführen können, sollten Sie sie zu Hause regelmäßig weiter fortführen. Am einfachsten können Sie den Knieguß und den Schenkelguß erlernen und beide Güsse dann immer selbst anwenden.

Bei allen Formen der Wasserbehandlung gilt: Wärmen Sie sich vorher gut auf. Das entspannt die Muskulatur und regt die Durchblutung an.

Der Knieguß – das Einsteigerverfahren

Sie können den Knieguß stehend in der Badewanne oder sitzend (Beine in ein geeignetes Gefäß stellen) durchführen. Zum Gießen verwenden Sie die Dusche, einen Schlauch oder eine Gießkanne. Der Wasserstrahl soll schwach sein und die begossenen Partien sanft umspülen. Zum Gießen wird kaltes Wasser verwendet.
Achten Sie peinlichst darauf, daß Sie sich vor dem Gießen richtig aufwärmen (z.B. im Bett oder in der Nähe eines Heizkörpers). Auch nach dem Guß ist eine Aufwärmung unbedingt erforderlich – am besten, Sie kehren für ein Viertelstündchen wieder ins Bett zurück.

Knieguß – so geht's

1
Beginnen Sie bei den Zehen, führen Sie den Wasserstrahl dann langsam über das Schienbein aufwärts bis zum Knie.

2
Kreisen Sie ein paarmal über die Kniescheibe, führen Sie anschließend den Wasserstrahl langsam wieder zurück.
Ebenso verfahren Sie mit dem anderen Bein.

3
Dann geht es auf der rückwärtigen Seite weiter: Beginnen Sie bei der Ferse, begießen Sie dann langsam die Wade bis hinauf zur Kniekehle.

4
Anschließend geht es langsam wieder zurück.

- **Die gesamte Prozedur sollte nicht länger als eine bis zwei Minuten dauern.**

Der Schenkelguß – etwas für Fortgeschrittene

Beim Schenkelguß verfahren Sie ähnlich wie beim Knieguß, doch jetzt führen Sie den Wasserstrahl hinauf bis zur Hüfte bzw. bis zum Kreuz. Auch der Schenkelguß soll insgesamt nicht länger als eine bis höchstens zwei Minuten dauern. Die Vor- und Nachwärmphase ist beim Schenkelguß genauso wichtig wie beim Knieguß.

Güsse werden bei allen Arthritisformen empfohlen. Doch sie sind auch zur allgemeinen Abhärtung und zur Steigerung der körpereigenen Abwehrkräfte hervorragend geeignet. Weil es sich bei vielen Formen der Arthritis um fehlgeleitete Reaktionen des Immunsystems handelt, sind Güsse auch im beschwerdefreien Intervall stets sinnvoll – denn sie helfen dem Abwehrsystem, wieder zur Normalität zurückzufinden.

Nach den Wasseranwendungen – wenn Sie kaltes Wasser benutzt haben – müssen Sie sich wieder aufwärmen. Eine halbe Stunde im Bett entspannt noch dazu.

Bäder

Das Bad gehört zu den ältesten Formen der Wasseranwendungen – schon zu Urzeiten wurden den Bädern teils mystische, zauberhafte, teils durchaus medizinisch begründbare Wirkungen zugeschrieben.
Bei der begleitenden Behandlung der Arthritis werden vor allem warme Teil- und Vollbäder mit einer angenehmen Temperatur von etwa 36 bis 38 °C empfohlen.

Das ansteigende Halbbad

Bei Schmerzen im Kreuzbereich und den Hüftgelenken wird vor allem das sogenannte ansteigende Halbbad empfohlen. In diesem Bad können Sie sich eine Viertel- bis eine halbe Stunde lang wohl fühlen. Wenn Sie es gewöhnt sind und gut vertragen, können Sie anschließend eine kalte Dusche zur Stärkung des Immunsystems nehmen.

Ansteigendes Halbbad – so geht's

1	2
Füllen Sie 36 °C warmes Wasser in die Badewanne, etwa 15 bis 20 Zentimeter hoch. Setzen Sie sich mit ausgestreckten Beinen hinein.	Lassen Sie warmes Wasser hinzufließen, bis Sie eine Endtemperatur von 39 bis 40 °C erreichen. Das Wasser sollte dabei nicht höher als bis zum Bauchnabel stehen.

Sie können Ihrem Bad auch pflanzliche Zusätze beifügen – dann steigert sich die günstige Wirkung: So etwa ist ein Vollbad mit Arnika-, Heublumen- oder Roßkastanienextrakt noch wirksamer gegen die Schmerzen.

Roßkastanienextrakt findet auch Anwendung bei Krampfadern und Venenentzündungen und gilt allgemein als durchblutungsfördernd.

- Den Arnikaextrakt erhalten Sie in der Apotheke; Sie können ihn auch für Einreibungen oder für Wickel verwenden.
- Auch Heublumenbäder sind bei Arthritisbeschwerden hervorragend geeignet. Sie fördern die Durchblutung und tragen so zum raschen Abklingen der Entzündung bei. Außerdem wirken Heublumen krampflösend. Für ein Vollbad brauchen Sie etwa ein oder anderthalb Kilogramm Heublumen. Die Heublumen können Sie am besten dort sammeln, wo Heu getrocknet wurde. Sie können sie aber auch in der Apotheke kaufen (Heublumenextrakt gibt es fertig zu kaufen).
- Roßkastanienbäder sind hervorragend geeignet, die Widerstandskraft der Blutgefäße zu steigern. Das ist bei der Bekämpfung von chronischen Entzündungen besonders wichtig. Für ein Vollbad sollten Sie ein halbes bis ein Kilogramm gemahlene Roßkastanien mit fünf Liter kaltem Wasser ansetzen und dann eine halbe Stunde lang kochen lassen. Seihen Sie den Sud ab, und fügen Sie ihn dem Badewasser zu.

Wärmeanwendungen zu Hause

Der Heublumensack

Eine große Wohltat für schmerzgeplagte Gelenke ist der Heublumensack. Sammeln Sie Heublumen, füllen Sie sie locker in einen Beutel aus leichter Baumwolle oder Leinen. Sie können solche Heublumensäckchen aber auch fertig in der Apotheke kaufen.

So wenden Sie den Heublumensack an:

- Erhitzen Sie den Heublumensack über Wasserdampf.
- Legen Sie den Sack anschließend auf das entzündete Gelenk, und lassen Sie ihn mindestens zehn Minuten lang einwirken.

Sie sollten diese recht angenehme Prozedur täglich einmal durchführen. Sie werden sehen, daß Sie mit weniger – oder vielleicht ganz ohne – Schmerzmittel auskommen.

Der Kartoffelbreiwickel

Bei akut schmerzenden Gelenken kann die gute alte Kartoffel ein schier unersetzlicher Helfer sein.

So wird's gemacht:

- Zerdrücken Sie ein paar heiße Pellkartoffeln, und wickeln Sie den Brei in ein Leintuch.
- Legen Sie ihn auf die schmerzende Stelle, und lassen Sie die Wärme, die in den Kartoffeln gespeichert ist, 10 bis 15 Minuten lang einwirken (oder so lange, wie der Kartoffelbrei warm ist).

Sie werden die wohltuende Wirkung prompt spüren. Übrigens: Der Kartoffelbrei ist nicht nur bei Arthritis eine hervorragende Hilfe. Auch bei Muskelverspannungen, Husten oder Halsschmerzen ist er gut wirksam. Die Anwendung ist immer die gleiche: den heißen Brei in ein Leintuch einwickeln und auf die erkrankten Körperpartien legen.

Ein Griff in Omas Hausapotheke: der Kartoffelbreiwickel. Solche meist zu Unrecht vergessenen Hausmittel können manchmal teure Arzneimittel oder Kuren ersetzen.

Fit durch feuchte Hitze – der Saunabesuch

Auch der Saunabesuch zählt zu den Wärmeanwendungen. Wenn Ihr Arzt keine Einwände dagegen hat, daß Sie die Sauna besuchen, sollten Sie das regelmäßig ein- bis zweimal in der Woche tun.
Bei der Sauna ist es nicht nur die Wärme, die günstig bei rheumatischen Erkrankungen wirkt. Durch den Schweiß werden viele Schadstoffe aus Ihrem Körper ausgeschieden, so daß die Sauna auch eine hervorragende Möglichkeit zur Entschlackung des gesamten Körpers ist. Außerdem wirken die wechselnden Reize, denen Sie Ihren Körper durch einen sachgemäßen Saunagang aussetzen, ausgesprochen günstig auf das Immunsystem – was, wie Sie inzwischen wissen, bei vielen Arthritisformen wichtig ist.

Machen Sie sich keinen Streß in der Sauna – gewöhnen Sie sich langsam an die Hitze. Sollten Sie sich unwohl fühlen, verlassen Sie sofort die Kabine!

Sauna – so machen Sie's richtig

- Duschen Sie vorher zur Reinigung.
- Trocknen Sie sich gut ab – so wärmen Sie sich vor und regen die Durchblutung an.
- Wärmen Sie Ihre Füße im warmen Fußbad.
- Legen Sie sich für 10 bis 20 Minuten auf die unterste Stufe; die letzten zwei Minuten setzen Sie sich auf (wenn Sie die Hitze nicht gewohnt sind, können Sie die ersten Gänge auch nach fünf Minuten abbrechen).
- Gehen Sie an die frische Luft.
- Nehmen Sie einen kalten Guß, trocknen Sie sich wieder gut ab.
- Wenn Ihre Kondition es zuläßt, können Sie jetzt ein kaltes Tauchbad nehmen.
- Anschließend folgt ein zweiter (eventuell auch ein dritter) Gang, jeweils eine Stufe höher.
- Nehmen Sie ein warmes Fußbad oder einen warmen Beinguß, und ruhen Sie sich aus.

Vorbeugen – geht das überhaupt?

Rechtzeitig vorbeugen – durch Sport.

Rechtzeitig daran denken!

»Der Mensch hat dreierlei Möglichkeiten, klug zu handeln: erstens durch Nachdenken – das ist die edelste; zweitens durch Nachahmen – das ist die leichteste; und drittens durch Erfahrung – das ist die bitterste.«
Warum bloß wählen die Menschen, wenn es um die Vorbeugung vor Arthritis geht, immer den dritten Weg? Wenn die Gelenke steif sind und schmerzen, dann besinnt sich jeder darauf, sie nicht unnötig zu belasten und sich vor Feuchtigkeit und Kühle zu schützen. Doch in jungen Jahren – wer denkt da schon daran?

Vorbeugen – einfach und sinnvoll

Selbstverständlich ist es möglich, der Arthritis vorzubeugen – vorausgesetzt, man denkt rechtzeitig daran. Wenn sich die Arthritis einmal eingestellt hat, ist es zu spät zum Vorbeugen – dann kann man den alten Zustand kaum wieder herstellen, sondern nur noch versuchen, zu retten, was zu retten ist.
Nun ist Arthritis nicht bei jedem die gleiche Krankheit: Sicher ist es etwas anderes, wenn jemand an Gicht leidet, die er durch zu üppige Ernährung provoziert hat, als wenn ein Kind, vielleicht schon ein Säugling, an Polyarthritis erkrankt. Bei den meisten Menschen, die an Gelenkentzündungen leiden, ist das verwirrte Immunsystem schuld an der ganzen Krankheit. Wie und wann soll man dann aber vorbeugen? Ist das überhaupt möglich?

Nicht jeder Form der Arthritis kann man gleich gut vorbeugen. Lesen Sie auf den nächsten Seiten, was Sie auf jeden Fall selbst tun können.

Schutz vor Infektionen

Streptokokken und rheumatisches Fieber

Antibiotika bei Streptokokkeninfektionen sind keinesfalls übertriebener Einsatz. Die Medikamente wirken sicher und zuverlässig, und wenn sie nicht zu häufig eingesetzt werden, halten sich auch die Nebenwirkungen in Grenzen.

Das rheumatische Fieber ist die Folge einer Infektion mit den aggressiven Streptokokken. Seit dies bekannt wurde und gezielt Maßnahmen gegen Streptokokkeninfektionen ergriffen wurden, ist die Zahl der Erkrankungen an rheumatischem Fieber in allen Industrieländern drastisch gesunken. Schließlich stehen mit den verschiedenen Antibiotika hochwirksame Medikamente zur Verfügung.
In den armen Ländern dieser Welt könnte eine vernünftige Gesundheitspolitik verhindern, daß immer noch Tausende von Kindern an dieser schmerzhaften und gefährlichen Form der Arthritis erkranken.

Reaktive Arthritis – so können Sie sich schützen

1
Verschiedene Formen reaktiver Arthritiden können auf eine einfache Weise verhindert werden: Durch Impfungen gegen Masern, Mumps, Röteln und Influenza ist der Mensch vor diesen Erkrankungen geschützt – und damit auch vor den begleitenden Gelenkentzündungen, die stets bei einem Teil der Erkrankten auftreten.

2
Die Lyme-Krankheit (auch Borreliose genannt) bekommt nur, wer von einer Zecke gebissen wird, d.h., wer sich vor Zeckenbissen schützt, kann sich auch vor dieser Arthritisform schützen.

3
Was die Streptokokkeninfektionen angeht: Verschleppen Sie keine Erkältung und keinen grippalen Infekt! Wenn Sie erkrankt sind, gehen Sie zum Arzt, und lassen Sie die Ursache abklären. Unterbrechen Sie keine ärztliche Behandlung aus eigenem Beschluß – auch wenn Sie sich wieder besser fühlen.

- Um dem rheumatischen Fieber vorzubeugen, ist es erforderlich, die Infektionsquellen zu meiden.
- Wer dennoch an einer Streptokokkeninfektion erkrankt, darf nicht darauf warten, daß die Halsentzündung vielleicht doch von selbst vergeht.
- Bei wenigen anderen Krankheiten sind Antibiotika so wichtig wie bei Streptokokkeninfektionen. Sie verhindern zuverlässig, daß sich aus einer simplen Halsentzündung die schmerzhafte oder gar lebensbedrohliche Arthritis entwickelt.

Gesunde Lebensführung

Weniger einfach ist es, den anderen Arthritisformen vorzubeugen: Bei mehreren dieser Erkrankungen hat sich herausgestellt, daß der Mensch mit einer bestimmten Anfälligkeit für diese Krankheit zur Welt kommt. Ist es bei so einer Vorbelastung überhaupt möglich, vorzubeugen? Ja! Auch und gerade jene Menschen, die eine angeborene Neigung zu einer Arthritis haben, können der Krankheit wirksam vorbeugen. Denn es ist erwiesen: Längst erkranken nicht alle Menschen, die mit solch einer Anfälligkeit zur Welt kommen. Wovon hängt es ab, wer letztendlich erkrankt und wer nicht?

TIP

Die Erkenntnis, daß die Veranlagung zur Arthritis erblich sein kann, ist kein Freibrief für einen ungesunden Lebenswandel. Nicht jeder, der die entsprechende Veranlagung mitbekommen hat, wird auch krank. Sorgen Sie daher lieber zu früh als zu spät für ausreichende Bewegung und eine gesunde Ernährung!

Die Vorbelastung ausgleichen

Oft ist es die Lebensführung, die darüber entscheidet. Menschen mit einer angeborenen Neigung zu Arthritis sollten ganz bewußt alle Risiken meiden, die der Erkrankung zum Durchbruch verhelfen könnten.

So wird beispielsweise ein gesundes Immunsystem seltener verrückt spielen als ein Immunsystem, das etwa wegen ständigem Vitaminmangel oder anderen ungünstigen Begleitumständen geschwächt ist. Auch werden Gelenke, die nicht auf unvernünftige Weise überstrapaziert werden, seltener krank als Gelenke, die schlecht behandelt werden. Häufige Auslöser von Arthritiden sind:

- Schlechte Haltung
- Eine schlechte Matratze im Bett
- Eine zu schwache, untrainierte Muskulatur, die die Gelenke und die Wirbelsäule nicht entlasten kann.

Achten Sie also darauf, daß Sie Ihr Knochengerüst gut behandeln und ihm nicht ein ungesundes Maß an Belastung zumuten!

Behandeln Sie Ihre Gelenke so, wie sie es verdienen: Sie sind ein Teil Ihres Körpers, der – wenn er einmal kaputt geht – weder nachwächst noch problemlos ausgetauscht werden kann.

So beugen Sie am besten der Arthritis vor:

- Achten Sie auf eine gesunde Lebensweise: Vollwertige Ernährung, ausreichende Vitaminzufuhr, ausreichend Schlaf sichern, daß Ihr Immunsystem in Topform bleibt.
- Vermeiden Sie Unterkühlung und übermäßige Belastungen Ihrer Gelenke.
- Achten Sie auf eine gesunde Schlafgelegenheit: So können Sie Ihr Knochengerüst auch im Schlaf schützen.
- Sorgen Sie für regelmäßige, Ihrem Alter und Ihrem Gesundheitszustand angepaßte körperliche Betätigung.

Die richtige Ernährung ist schon die halbe Miete

Körner oder Schweinebraten?

Es ist nicht von der Hand zu weisen, daß es viele Menschen gibt, die trotz einer lebenslangen Schweinebraten-Bier-Diät ein gesegnetes Alter bei guter Gesundheit erreichen. Von der Hand zu weisen ist aber auch nicht, daß es vielen Menschen noch wesentlich besser gehen könnte, wenn sie sich gesünder ernähren würden. Tagaus, tagein Schweinefleisch, Aufschnitt und fettreicher Käse – da ist es manchmal schon ein Wunder,

wenn die Gelenke erst im hohen Alter zu schmerzen beginnen. Schließlich müssen sie über Jahrzehnte hinweg ein imposantes Übergewicht tragen!
Es gibt bei uns immer mehr über Hundertjährige – und die Zahl der Hochbetagten nimmt stetig zu. Es wäre erfreulich, wenn sich all die älteren Herrschaften ihres Lebens freuen und rüstig und selbständig ihren Lebensabend genießen könnten. Doch gerade hier hapert es bei vielen. In den allermeisten Fällen sind es kranke Gelenke, die das Dasein im höheren Alter erschweren. Grund genug, sich darum zu kümmern, wie die Gelenke beizeiten geschont werden können, wie man Beschwerden vorbeugt.

Strafe für kulinarische Sünden

Daß das wohl bekannteste Gelenkleiden, die Gicht, bei manchen Menschen zuschlägt wie die gerechte Strafe für Völlerei und Maßlosigkeit beim Essen, ist hinreichend bekannt. Menschen, die am Zipperlein leiden, wissen das genau – und bei ihnen hat der Arzt auch meistens keine Probleme, sie davon zu überzeugen, daß sie sich von nun an vernünftiger ernähren müssen.

Wer einen Gichtanfall erlebt hat, weiß es: Der Braten mag noch so verlockend und saftig gewesen sein – der Genuß steht in keinem Verhältnis zu den Schmerzen, die dann, oft spät in der Nacht und mitten im besten Schlaf, den Gepeinigten aufrütteln und ihn an seine kulinarischen Sünden erinnern.

Gesunde Ernährung – nicht nur bei Gicht sinnvoll

Doch was hat Ernährung mit den anderen Formen der Arthritis zu tun? Wenn z.B. ein Gelenk einfach abgenutzt ist und bei jeder Bewegung knirscht, oder wenn es entzündet ist, weil das Immunsystem falsch programmiert wurde?
Außer bei Gicht wird Ihnen kein Arzt eine Diät verordnen wollen, wenn Sie an Arthritis leiden. Diät heißt immer auch Verzicht. Sie sollen jedoch beim Essen auf nichts verzichten, Sie sollen genießen – aber auf die gesunde Art und Weise. So wird es Ihnen gelingen, Übergewicht abzubauen; Ihre kranken Gelenke werden es Ihnen danken.

Während Sie fasten, sollten Sie Ihrem Körper viel frische Luft gönnen. Wichtig ist auch eine entspannte Atmosphäre. Streßzeiten in Beruf oder Familie sind zum Fasten alles andere als geeignet.

Die Gelenke entlasten

Wie sehr Sie Ihren Gelenken durch etwas Abspecken helfen, das können Sie am ehesten in einem Bewegungsbad nachvollziehen. Im Wasser stellen Sie sehr schnell fest, daß die Bewegungen nicht so weh tun, wie wenn Sie das gleiche auf dem Trockenen durchführen. Die Erklärung ist einfach: Durch die Auftriebskraft des Wassers ist Ihr Körper leichter geworden, die kranken Gelenke sind weniger belastet und können sich nahezu schmerzfrei bewegen.
Jedes Pfund, das Sie abwerfen, entlastet Ihre Hüft- und Kniegelenke!

So senken Sie Ihr Körpergewicht

1

Wenn Sie rasch ein paar Pfunde loswerden und gleichzeitig Ihren Körper entschlacken wollen, ist gegen ein kurzzeitiges Fasten meist nichts einzuwenden – vorausgesetzt, Sie fasten nicht länger als drei Tage (über einen längeren Zeitraum dürfen Sie nur unter ärztlicher Aufsicht fasten!). Fragen Sie Ihren Arzt, bevor Sie zu fasten beginnen. Während des Fastens müssen Sie auf feste Nahrung und energiereiche Getränke verzichten; dafür dürfen Sie viel Mineralwasser, Kräutertee oder frischgepreßte Obstsäfte trinken. Auch eine Gemüsebrühe ist einmal täglich angesagt. So decken Sie Ihren Bedarf an Flüssigkeit, Vitaminen und Mineralstoffen.

2

Im Unterschied zum kurzzeitigen Fasten sind Diäten meistens nicht sinnvoll. Lange dauernde Diätprogramme bringen außer Frust selten etwas – am seltensten eine dauerhafte Gewichtsreduzierung. Es hilft nichts, jedes Jahr ein paar Wochen verbittert auf alles zu verzichten, was schmeckt, um sich hinterher alle mühselig abgehungerten Pfunde wieder anzufuttern. Ihren Gelenken tut ein solches Auf und Ab nicht gut und Ihrem Nervenkostüm erst recht nicht.

Gewicht reduzieren – langsam, aber sicher

Sie können auf Dauer Gewicht abbauen, wenn Sie bewußt die Menge von Fett in Ihrer Nahrung einschränken. Nicht nur die Butter oder das Schmalz zählen zu den Dickmachern: Meist sind es die versteckten Fette, die das Gewicht in die Höhe schnellen lassen: Vollmilch, fettreicher Käse, Fett in Wurstwaren, in Kuchen, Nüssen und Knabbereien.

- Verstecktes Fett führt am häufigsten zu Übergewicht. Achten Sie beim Einkauf von Nahrungsmitteln auf fettarme Produkte: Magermilch statt Vollmilch, Hartkäse statt fettreichem Streichkäse. Fragen Sie an der Käsetheke nach fettarmen Käsesorten. Viel verstecktes Fett ist auch in Wurstwaren. Lesen Sie auf dem Etikett nach, wie hoch der Fettgehalt ist!
- Ein Tip für alle, die gerne knabbern: Halten Sie ein paar frische Möhren griffbereit! Auch rohe Blumenkohlröschen eignen sich hervorragend zum Knabbern! Je nach Jahreszeit sollten Sie stets ein kleines Sortiment an frischem Obst bereithalten, um den kleinen Hunger auf gesunde Weise zu stillen.

Was tun bei Untergewicht?

Nun sind aber beileibe nicht alle Arthritiskranken übergewichtig. Im Gegenteil: Viele von ihnen gehören zu den Hageren, Dünnen, die sich vergeblich bemühen, ein paar Pfunde zuzulegen. Eigentlich dürften diese Menschen alles essen, worauf sie Lust haben – doch die Lust fehlt leider: Andauernde Schmerzen und die vielen Medikamente haben ihnen den Appetit verdorben.
Hier ist es wichtig, den Körper und seine Abneigung dem Essen gegenüber zu überlisten. Jeder Mensch hat ein paar Leibspeisen – bringen Sie sie auf den Tisch!

TIP FÜR ÜBERGEWICHTIGE
Ihren Appetit auf Avocado, Nüsse, Mandeln oder Sonnenblumenkerne sollten Sie zügeln – diese Nahrungsmittel sind zwar gesund, aber besonders fettreich.

TIP FÜR UNTERGEWICHTIGE
Obst und Gemüse, Nüsse, Vollkorngetreide und Milchprodukte liefern die wichtigsten Vitamine und Spurenelemente. Achten Sie darauf, daß Sie sich regelmäßig damit versorgen. Leckere Häppchen oder ein bunter Teller mit einer Auswahl an Nüssen und Knabbereien sollten stets bereitstehen. Dann bekommen Sie öfter mal zwischendurch Appetit.

- Teilen Sie Ihre Mahlzeiten in mehrere kleine Portionen auf – ein überladener Teller ruft oft schon durch die Menge Abneigung hervor.
- Achten Sie auf einen sorgfältig und liebevoll gedeckten Tisch, denn, wie schon das Sprichwort sagt, das Auge ißt mit!
- Sorgen Sie dafür, daß stets ein paar nährstoffreiche Leckereien griffbereit sind! Was bei den Übergewichtigen tabu ist, dürfen Sie ruhig tun: Auch kurzzeitige Energielieferanten (beispielsweise richtig süße Speisen) sind für Sie erlaubt.
- Wichtig bei der Auswahl der Nahrung: Achten Sie auf Lebensmittel, die besonders reich an Vitaminen und Mineralstoffen sind. So können Sie Ihren Körper auch dann ausreichend mit diesen Vitalstoffen versorgen, wenn Sie wenig essen.

TIP

Arthritiskranke sollten zur Vorbeugung gegen Osteoporose täglich einen Liter Milch (auch Magermilch und Buttermilch) trinken oder viel Käse (besonders Hartkäse) essen. Sie brauchen täglich mindestens 1000 Milligramm Kalzium! Wenn Sie Milchprodukte nicht vertragen, können Sie auch auf Fruchtsäfte umsteigen, die mit Kalzium angereichert wurden, oder nehmen Sie Kalzium in Form von Tabletten ein.

Milch – für Arthritiskranke besonders wichtig

Arthritis führt häufig indirekt zu krankhaftem Knochenschwund, der gefürchteten Osteoporose. Das liegt daran, daß bei mangelnder Bewegung die Knochen allmählich an Substanz verlieren; sie werden porös und brüchig. Deshalb sollten Menschen, die an Arthritis leiden, ganz besonders auf vorbeugende Maßnahmen achten. Dazu gehört vor allem eine ausreichende Versorgung des Körpers mit Kalzium. Dieses Mineral festigt das Knochengerüst und macht es widerstandsfähiger gegen die Osteoporose.

Nehmen Sie deshalb reichlich Milch und Milchprodukte zu sich, denn nur so können Sie Ihrem Körper auf natürliche Weise die erforderliche Menge an Kalzium zuführen. Meiden Sie dagegen colahaltige Getränke und ein Zuviel an schwarzem Tee und Kaffee, denn diese Getränke sind richtige Kalziumräuber: Sie binden das wichtige Mineral, so daß es für die Knochen unbrauchbar wird.

Umsteigen auf Vollwerternährung

Ob dick oder dünn, Vollwertkost ist für jeden Menschen wichtig – ganz besonders aber für Arthritispatienten und andere chronisch Kranke. Falls Sie sich noch nicht vollwertig ernähren: Fangen Sie so bald wie möglich damit an!
Damit die Umstellung auf Vollwertkost kein Frust wird, sollten Sie es gemächlich angehen: Investieren Sie in ein paar gute Kochbücher (oft sind es kleine, preiswerte Broschüren, in denen die interessantesten Kochideen zu finden sind), oder leihen Sie sich so ein Buch aus einer öffentlichen Bibliothek aus; schlemmen Sie schon mal im Geiste! Es gibt eine unübersehbare Zahl von leckeren Gerichten, die absolut vollwertig sind.

Vollwert – nicht nur dem Gewicht zuliebe

1

Neueste Untersuchungen haben gezeigt, daß Menschen mit Arthritis oft an Zinkmangel leiden: In ihrem Blut ist zu wenig dieses wichtigen Spurenelements enthalten. Zink ist ein unentbehrlicher Helfer für Enzyme, die das Bindegewebe aufbauen und funktionsfähig erhalten. Das gleiche gilt für Mangan. Am leichtesten können Sie Ihren Körper mit ausreichend Zink und Mangan versorgen, wenn Sie Vollkornprodukte, Getreidekorn und Bierhefe zu sich nehmen.

2

Ein weiterer Grund, den Fleischverzehr einzuschränken, wurde erst unlängst entdeckt: In Fleisch ist ein hoher Anteil solcher Aminosäuren (Eiweißbausteine) enthalten, die die Entstehung von Entzündungen direkt unterstützen: Die Aminosäuren Phenylalanin, Tyrosin und Tryptophan. Je weniger dieser Aminosäuren in der Nahrung enthalten sind, um so leichter kann der Körper gegen die Entzündungsreaktionen, die in den Gelenken ablaufen, ankämpfen.

Keiner verlangt von Ihnen, daß Sie nun Vegetarier werden (wenn auch erwiesen ist, daß es kaum übergewichtige Vegetarier gibt). Es reicht schon, wenn Sie das Fleisch, das Sie zu sich nehmen, bewußt auswählen und häufiger fettarmes Fleisch auf den Tisch bringen.

Vitamin C aus Obst und Gemüse hilft nicht nur bei Erkältungen und Leistungsschwäche. Auch bei chronischer Arthritis ist eine ausreichende Versorgung mit dem Wirkstoff unbedingt nötig!

Auch Vitamine sind nötig

Bei Menschen, die an chronischer Arthritis leiden, also an Gelenkentzündungen, bei denen das Immunsystem eine Rolle spielt, ist auch die Versorgung mit den Vitaminen C und E wichtig: Vitamin C wirkt ausgleichend auf das Immunsystem und fördert den Aufbau von Bindegewebe. Vitamin E wirkt direkt gegen den enzymgesteuerten Abbau von Knochengewebe. Diese beiden Vitamine – reichlich enthalten in Vollwertkost – sind die besten Freunde arthritiskranker Menschen.

TIP

Mehr zum Thema »Vitamine« erfahren Sie in dem Ratgeber »Gesund und fit durch Vitamine« von Cornelia Klaeger, der ebenfalls im Südwest Verlag erschienen ist.

Nahrung und Medikamente

Medikamente wirken nur dann, wenn sie optimal vom Körper aufgenommen werden. Klar, daß es Wechselwirkungen geben kann zwischen den eingenommenen Wirkstoffen und der Nahrung, die sich gerade in Magen oder Darm befindet. Insbesondere Milch und Milchprodukte, Eiweiß, Tee, Kaffee, colahaltige Limonaden und Fruchtsäfte können die Geschwindigkeit oder auch das Ausmaß der Aufnahme des Medikaments (der Fachmann sagt dazu Resorption) nachhaltig beeinflussen. Deshalb gibt es bestimmte Regeln, wie und zu welcher Zeit welche Medikamente eingenommen werden sollen:

- Nichtsteroidale Antirheumatika (NSAR) sollten erst einige Zeit nach dem Essen und auf keinen Fall gleichzeitig mit säurebindenden Medikamenten (sogenannten Antazida) eingenommen werden
- Kortikoide sollten morgens vor dem Aufstehen nur mit einem Getränk – Wasser, Tee oder Milch – und einem kleinen Stück Brot oder Zwieback geschluckt werden.
- Antibiotika bitte immer nach Vorschrift der Packungsbeilage einnehmen! Manche Antibiotika vertragen sich nicht mit Milch – deshalb immer mit viel Wasser einnehmen!
- Goldtabletten können mit der Mahlzeit eingenommen werden.
- Penizillamin sollte dagegen immer zwischen den Mahlzeiten eingenommen werden.

Getränke immer kalt

Für alle Medikamente gilt: Das Getränk, mit dem Sie die Arznei einnehmen, sollte immer kalt sein. Das regt den Darm an, und das Mittel kann vom Organismus rascher aufgenommen werden.

Tip

Manche Medikamente – insbesondere die Goldpräparate – verursachen weichen Stuhl oder lästige Durchfälle. Ein geriebener Apfel oder eine zerdrückte Banane sorgen für Abhilfe. Trinken Sie viel (am besten Tee), das mindert die Begleiterscheinungen der Behandlung.

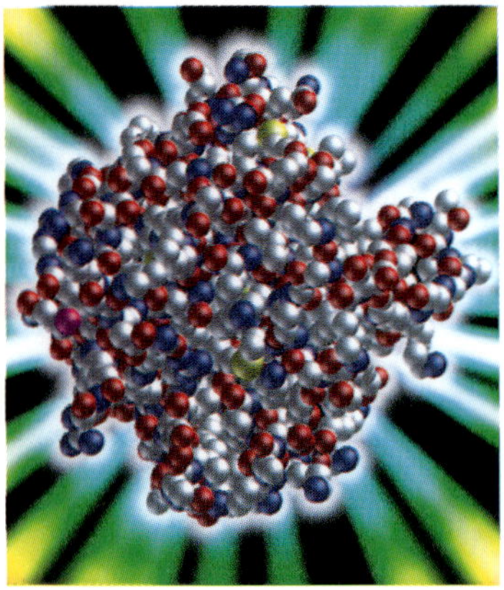

Enzymtherapie – die neuentdeckte Hilfe.

Enzymtherapie

Hilfe durch Eiweißmoleküle

Unsere Urahnen haben es gewußt: Wenn auf entzündete Gelenke Umschläge aus bestimmten Pflanzenteilen – etwa aus zerkauten Feigenblättern – gelegt wurden, ließen die Beschwerden bald nach. Doch dem Geheimnis dieser Behandlung ist erst die heutige Medizin auf die Spur gekommen: Es sind die in den Pflanzen enthaltenen Enzyme, die so wohltuend wirken.
Enzyme sind hochspezialisierte Eiweißmoleküle, die in jedem lebenden Organismus vorkommen. Sie sind Koordinatoren der einzelnen Stoffwechselprozesse. Ohne Enzyme würde keine Nahrung gespalten und in das Blut aufgenommen werden, ohne Enzyme würden Zellen weder wachsen noch sich teilen können, ohne Enzyme würde im Körper einfach nichts ablaufen.

Durch die Mitwirkung von Enzymen können im Organismus Stoffwechselprozesse ablaufen, die sonst gar nicht möglich wären oder zu lange dauern würden.

Proteolytische Enzyme – Eiweiß, das Eiweiß spaltet

Es gibt verschiedene Arten von Enzymen. Die Aufgabe der eiweißspaltenden (proteolytischen) Enzyme ist es, große Eiweißmoleküle in kleinere Häppchen zu zerlegen, die dann im Organismus weitere Verwendung finden. So spalten sie z.B. in Magen und Darm die Eiweißstoffe aus der Nahrung, die wir verzehrt haben, so lange, bis die Nährstoffe klein genug sind, um direkt in den Blutkreislauf einzutreten.
Aber auch im körpereigenen Abwehrsystem haben eiweißspaltende Enzyme ihre festen Aufgaben: Die Krankheitserreger, die den Menschen angreifen, sind letztendlich nichts anderes als Eiweiß, das von den Zellen des Immunsystems abgebaut werden muß. Dabei spielen die proteolytischen

Enzyme eine unverzichtbare Rolle im Organismus: Sie knabbern die Krankheitserreger an und machen sie zugänglich für die »Aufräumzellen« des Abwehrsystems.
Bei rheumatischen Erkrankungen sind die eiweißspaltenden Enzyme ebenfalls gefragt: Sie sind in der Lage, die Rheumafaktoren abzubauen – jene großen Eiweißmoleküle, die sich in den kranken Gelenken ablagern und dort Schmerzen verursachen. Auch Schwellungen und Entzündungen werden von proteolytischen Enzymen schneller zum Abklingen gebracht.

In Ananas und Papaya

Die bekanntesten eiweißspaltenden Enzyme sind:

- Pepsin (im Magen)
- Trypsin und Chymotrypsin (in der Bauchspeicheldrüse und im Darm)
- Die pflanzlichen Enzyme Papain (aus der Pflanze Carica Papaya) und Bromelain (aus Ananas).

In der Naturheilkunde, aber zunehmend auch in der klassischen Medizin, werden diese Enzyme immer häufiger zur Behandlung verschiedener Krankheiten angewendet.

Die systemische Enzymtherapie (d. h. Enzyme innerlich angewendet) wird mittlerweile von vielen Ärzten mit gutem Erfolg bei verschiedenen Formen der Arthritis eingesetzt. Es hat sich herausgestellt, daß diese Behandlung manchmal sogar wirksamer ist als eine Therapie mit NSAR – mit dem großen Vorteil, daß eine Enzymbehandlung außerordentlich gut verträglich ist: Es gibt praktisch keine unerwünschten Nebenwirkungen.
Im Gegenteil: Enzyme machen sich nicht nur gegen die Gelenkentzündung nützlich, sondern auch gegen Ablagerungen in den Blutgefäßen – sie helfen so, gegen Arteriosklerose (Gefäßverkalkung) und Thrombosen vorzubeugen.

Die Bedeutung der Enzyme wurde erst im 19. und vor allem im 20. Jahrhundert entdeckt. Zwar waren schon vorher einige ihrer Wirkungen bekannt, ohne daß allerdings die genauen biochemischen Abläufe geklärt werden konnten.

Die Erkenntnis, daß Enzyme wirksam gegen Arthritis eingesetzt werden können, hat sich mittlerweile nicht nur in der Naturheilkunde, sondern auch in Kreisen der Schulmedizin herumgesprochen: Enzyme werden heute auch in vielen Krankenhäusern zur Behandlung von Gelenkentzündungen eingesetzt.

Gut zu kombinieren

Da sich die Enzymtherapie hervorragend mit allen anderen Medikamenten (sowohl NSAR als auch Kortikoiden oder den klassischen Basistherapien) verträgt, spricht nichts dagegen, gleich zu Beginn einer Arthritis auch die Enzymtherapie mit einzusetzen. Nach zwei bis drei Wochen kombinierter Behandlung kann der Arzt allmählich die chemische Keule absetzen. In vielen Fällen reicht dann eine Weiterbehandlung mit den Enzymen aus. Die Enzyme dürfen problemlos auch jahrelang eingenommen werden. Lediglich Menschen mit schweren Störungen bei der Blutgerinnung müssen regelmäßig zur Kontrolluntersuchung.

- Aber: Enzyme einfach essen zu wollen, bringt nichts. Da sie nichts anderes als Eiweißmoleküle sind, werden die in der Nahrung enthaltenen Enzyme im Magen von unseren eigenen Enzymen verdaut. Deshalb müssen Enzyme, die zur Behandlung eingesetzt werden sollen, speziell zubereitet werden – wie etwa Dragees oder Kapseln. Dadurch sind sie im Magen geschützt und werden erst im Darm freigesetzt. Für therapeutische Zwecke werden Enzyme aus tierischen und pflanzlichen Geweben hergestellt.

Nachteile – auch bei Enzymen

1

Leider gibt es auch bei der Enzymtherapie den berühmten Wermutstropfen: Diese so gut verträgliche Behandlung wirkt nur etwa bei der Hälfte der Arthritiskranken. Die Chance, daß die Methode greift, ist um so höher, je früher die Enzymtherapie beginnt.

2

Mögliche Nebenwirkungen:

- **Ungewohnte Verfärbung und Geruchsveränderung des Stuhls**
- **Selten allergische Reaktionen**

Patienten mit Blutgerinnungsstörungen müssen bei der Enzymtherapie unter ärztlicher Aufsicht stehen.

Heilpflanzen – sanfte Hilfe aus der Natur

Heilpflanzen wie der Wacholder helfen seit Jahrtausenden.

Seit Urzeiten bewährt

Arthritis zählt zu den ältesten chronischen Erkrankungen der Menschheit, und seit Menschengedenken haben sich Heilkundige, Medizinmänner und Medizinfrauen bemüht, ihren an Gelenkschmerzen leidenden Mitmenschen zu helfen. Ganz ohne Apparatemedizin und biochemische Detailkenntnisse haben sie es oft zu wahrhaften Meisterleistungen gebracht – denn Mutter Natur hält eine breite Palette von Heilkräutern bereit, die dem schmerzgeplagten Arthritiker wirksam helfen können.

Pflanzen statt Schmerzmitteln

Auch heute wird kein vernünftiger Mensch auf die sanfte Hilfe der Heilkräuter verzichten wollen. Es ist wissenschaftlich erwiesen, daß pflanzliche Wirkstoffe helfen können, den Verbrauch an Schmerzmitteln zu senken.

Die meisten Heilpflanzen, die zur Behandlung von Arthritis eingesetzt werden, gehören zu den Diuretika – das sind Mittel, die die Bildung und Ausscheidung von Harn beschleunigen. Wundern Sie sich deshalb nicht, wenn Sie nach der Einnahme öfter mal zur Toilette müssen: Durch die gesteigerte Ausscheidung von Wasser wird aus den geschwollenen Gelenken überschüssige Flüssigkeit ausgeschwemmt. Dadurch gehen die Schwellungen allmählich zurück, und in der Folge wird die Beweglichkeit erleichtert, der quälende Schmerz läßt nach.

In den Heilkräutern sind unterschiedliche Stoffe enthalten, die jeweils ganz verschieden wirken. Daher werden einige Pflanzen als Tee, andere als Einreibung oder als Sud angewendet.

Welche Pflanzen helfen?

Bei der Behandlung von Arthritis und rheumatischen Schmerzen haben sich insbesondere Löwenzahn, Weidenrinde, Brennessel, Wacholder und Teufelskralle als wirksam erwiesen. Sie können diese Heilpflanzen getrocknet oder in verschiedenen Zubereitungsformen in der Apotheke kaufen; die heimischen Kräuter können Sie aber auch selbst sammeln und nach dem Trocknen – am besten in gut verschlossenen Dosen (damit vor Licht und Feuchtigkeit geschützt) – aufbewahren.

REZEPT LÖWENZAHNTEE

Getrocknete Blätter und Wurzeln in feine Stückchen schneiden, ein bis zwei Teelöffel mit etwa 150 Milliliter kaltem Wasser ansetzen und kurz aufkochen lassen. Nach zehn Minuten abseihen. Trinken Sie jeweils morgens und abends eine Tasse frisch zubereiteten Tee.

Löwenzahn (Taraxacum officinale)

Die bei Gelenkrheumatismus unbestritten wirksamste Heilpflanze ist der Löwenzahn, auch Kuhblume genannt. Seit Generationen empfehlen Heilkundige eine sechswöchige Frühlingskur mit Tee aus getrocknetem Löwenzahn oder mit frisch gepreßtem Löwenzahnsaft.
Die wirksamen Substanzen befinden sich sowohl in den Blättern als auch in der Wurzel der Pflanze – am besten, Sie verwenden beide Teile.

Löwenzahn – für Saft und Salat

1

Sie können wunderbar Saft aus frischen Löwenzahnblättern und -wurzeln pressen – am leichtesten geht es in einem Entsafter. Ernten Sie junge Pflanzen im Frühling, bevor sie zu blühen anfangen. Nehmen Sie morgens und abends je zwei Eßlöffel Saft ein.

2

Junge Löwenzahnblätter können Sie – ähnlich wie Gartenkresse – zur Zubereitung von Salaten verwenden oder sie, fein gehackt, als Brotbelag oder Zusatz zu Suppen verwenden. Die heilsame Kraft der frischen Löwenzahnblätter unterstützt zusätzlich die Teekur.

Wenn Sie Löwenzahn selbst ernten wollen: Pflücken Sie die Blätter, oder graben Sie die Wurzel aus, bevor die Pflanze zu blühen beginnt. Achten Sie darauf, Pflanzen auf möglichst unbelasteten Flächen zu ernten. Am Straßenrand sollten Sie den Löwenzahn lieber stehen lassen, dort ist er zu stark mit Umweltschadstoffen belastet.

Weidenrinde (Salix alba)

Ein Klassiker unter den pflanzlichen Rheumamitteln ist die Weidenrinde, die wirksam gegen Schmerzen und Entzündungen jeder Art eingesetzt werden kann und vor allem bei Gelenkrheumatismus hervorragende Hilfe leistet. Die einzige Einschränkung: Menschen, die auf salizylhaltige Medikamente allergisch sind (ASS, Aspirin), sollten auf die Einnahme von weidenrindenhaltigen Zubereitungen lieber verzichten. Grund dafür ist, daß auch in der Weidenrinde Salizylate enthalten sind (schließlich kommt der Name Salizylat von der Salix alba, der Weidenrinde).
In der Naturheilkunde wird am häufigsten Weidenrindentee verwendet; dazu wird die Rinde von zwei- bis dreijährigen Zweigen geschält, kleingeschnitten und getrocknet.

REZEPT WEIDENRINDENTEE
Anderthalb bis zwei Teelöffel fein geschnittene Weidenrinde mit kaltem Wasser ansetzen, zum Sieden bringen und nach fünf Minuten durch ein Teesieb seihen. Drei- bis fünfmal täglich eine Tasse frisch zubereiteten Tee trinken.

Brennessel (Urtica dioica)

Brennessel ist eine äußerst beliebte Heilpflanze, die nicht nur bei rheumatischen Erkrankungen Anwendung findet – auch zur Blutreinigung, zur Behandlung von Erkrankungen der Gallenblase und der Bauchspeicheldrüse sowie zur Pflege der Kopfhaut wird sie gerne verwendet.
Bei Arthritis wird von Zeit zu Zeit eine sechswöchige Kur mit Brennesseltee empfohlen. Sie können die Brennessel für den Tee selbst pflücken: Sammeln Sie die Blätter und Stengel (nur solche, die nicht dicker sind als drei Millimeter) am besten während der Blüte.

REZEPT BRENNESSELTEE
Drei bis vier Teelöffel (etwa vier Gramm) getrocknetes Brennesselkraut mit ca. 150 Milliliter heißem Wasser übergießen und zehn Minuten ziehen lassen, danach abseihen. Wenn Ihnen Ihr Arzt nichts anderes empfohlen hat, trinken Sie drei- bis viermal täglich eine Tasse frisch zubereiteten Tee.

Wacholder (Juniperus communis)

Der große naturheilkundige Pfarrer Sebastian Kneipp behandelte seine Arthritispatienten gerne im Herbst mit Wacholderkuren. Er empfahl, die Beeren zu kauen: am ersten Tag dreimal zehn Beeren und dann täglich eine Beere mehr, so lange, bis dreimal täglich 30 Stück erreicht wurden. Dann ging es auf die gleiche Weise wieder zurück zur Ausgangsmenge.

Doch im Unterschied zu den bisher genannten Heilpflanzen kann Wacholder bei Überdosierung, bei langfristiger Einnahme oder bei bestimmten Nierenerkrankungen auch schädliche Nebenwirkungen haben:

- Die Wirkstoffe des Wacholders können die Nieren zu stark reizen und sie schädigen.
- Während der Schwangerschaft besteht die Gefahr, daß die Gebärmutter gereizt wird.

REZEPT WACHOLDERBEERTEE

Zwei Gramm der getrockneten, zerquetschten Beeren mit kochendem Wasser übergießen und nach zehn Minuten abseihen. Trinken Sie den Tee – wenn nichts anderes verordnet wurde – dreimal täglich frisch zubereitet.

Fragen Sie deshalb Ihren Arzt, bevor Sie eine Wacholderkur planen. Das gilt auch, wenn Sie eine Kur mit Wacholderbeertee durchführen wollen.

Für die Behandlung werden nur reife, gut getrocknete Beeren verwendet. Vorsicht, wenn Sie die Wacholderbeeren selbst sammeln wollen: In manchen Ländern – so auch in Deutschland – ist der Wacholder eine unter Naturschutz stehende Pflanze! Sie können die Beeren allerdings in der Apotheke kaufen.

Teufelskralle (Harpagophytum procumbens)

Diese knollenartige Pflanze stammt aus Südafrika, wo sie in der Volksmedizin zur Behandlung einer ganzen Reihe von Erkrankungen und insbesondere auch bei Arthritis angewendet wird. Allerdings ist ihre Wirkung nicht besser als diejenige der bei uns heimischen pflanzlichen Rheumamittel.

Sie können die Teufelskralle getrocknet in der Apotheke kaufen. In frischem Zustand erinnert die Pflanze ein wenig an eine längliche Kartoffel. Die Knollen werden noch im Herkunftsland zerkleinert und getrocknet.

Herbstzeitlose (Colchicum autumnale)

Die Wirkstoffe der Herbstzeitlosen sind hochwirksam bei Gicht, nicht aber bei anderen Formen der Arthritis. Weil es sich um sehr giftige Substanzen handelt, ist die Herbstzeitlose zur Selbstbehandlung nicht geeignet. Deshalb sollte die Behandlung mit den Inhaltsstoffen der Herbstzeitlosen dem Arzt oder einem erfahrenen Naturheilkundigen vorbehalten bleiben.

REZEPT TEUFELSKRALLENTEE

Viereinhalb Gramm getrocknete, fein geschnittene oder pulverisierte Teufelskralle mit 300 Milliliter kochendem Wasser übergießen und acht Stunden bei Raumtemperatur stehenlassen. Anschließend abseihen. Den zubereiteten Tee sollten Sie in drei Portionen über den Tag verteilt trinken.

Gift und Medizin liegen in der Natur oft genauso dicht beieinander wie bei chemischen Mitteln. Mit Pflanzen wie der Herbstzeitlosen sollten Sie deshalb nicht auf eigene Faust umgehen.

Fragen Sie nach!

Heilpflanzen sind nicht nur als Tee bekömmlich: Sie können sie auch zum Einreiben – etwa als Salbe oder als Alkoholextrakt – und als entspannenden Badezusatz verwenden. In der Apotheke oder im Reformhaus finden Sie eine Reihe von pflanzlichen Erzeugnissen, die bei Arthritis Linderung verschaffen!

Homöopathie und Arthritis

Alternative zur Schulmedizin?

Stoffe, die in hoher Dosis beim Gesunden bestimmte Symptome auslösen, bewirken in homöopathischer Verdünnung beim entsprechend Erkrankten eine Stimulierung der Selbstheilungskräfte.

Kaum ein Arthritiskranker, der nicht schon beim Homöopathen oder Heilpraktiker Hilfe gesucht hat: Wenn die Schmerzen trotz Langzeitbehandlung mit hochwirksamen synthetischen Medikamenten nicht nachlassen, ist es verständlich und vernünftig, sich nach verträglicheren und wirksameren Alternativen umzusehen.
Bei der Behandlung der chronischen Arthritis haben sich homöopathische Zubereitungen aus folgenden Substanzen (in verschiedenen Konzentrationen) als wirksam erwiesen:

- Arnika (Arnica montana)
- Berberitze (Berberis vulgaris)
- Teufelsrübe (Bryonia)
- Bittersüß (Dulcamara)
- Giftsumach (Rhus toxicodendron)

Bevor die eigentliche Behandlung beginnt, wird häufig eine einwöchige Entgiftungskur mit Schwefeltabletten vorgenommen.
Die Entscheidung, welches homöopathische Medikament bei welchem Krankheitsbild am besten helfen kann, sollte ei-

nem Fachmann überlassen bleiben. Zwar sind Schäden durch nicht sachgemäße Anwendung kaum zu befürchten – doch der Erfolg stellt sich nur dann ein, wenn das richtige Präparat in der richtigen Verdünnung gewählt wird.
Wenden Sie sich also an einen erfahrenen Homöopathen; versuchen Sie es nicht etwa mit dem Mittel, das schon Ihrer Schwägerin hervorragend geholfen hat. Jeder Patient und jede Krankheit haben ihre Eigenheiten, die bei der Wahl des Medikaments berücksichtigt werden müssen. Es wäre schade, wenn Sie das Vertrauen in eine sanfte und in vielen Fällen wirksame Behandlungsmethode verlieren würden, nur weil Sie sie nicht richtig angewendet haben.

Wie bei vielen langwierigen oder chronischen Krankheiten ist es auch bei Arthritis wichtig, auf Eigenheiten und Besonderheiten der Situation des Patienten besonders einzugehen.

Nicht nur der Körper wird behandelt

Viele Arthritiskranke leiden nicht nur an den Gelenkschmerzen, sondern auch darunter, daß sich ihr Arzt nicht genügend Zeit nimmt, um sich alle Beschwerden und Klagen seines Patienten geduldig anzuhören.

Das ist bei Heilpraktikern und Homöopathen anders: Sie wissen, daß bei einer Krankheit nicht allein das erkrankte Organ, sondern der gesamte Mensch leidet und daß die Seele mitbehandelt werden muß. Darin liegt ein großer Teil der Erfolge begründet, die die Naturheilkundigen und die Homöopathen erzielen.

Beim Homöopathen gehört es zur Selbstverständlichkeit, daß er sich alle Beschwerden und Probleme seines Patienten genau anhört – denn die einzelnen Wirksubstanzen werden genau nach dem Beschwerdemuster des jeweiligen Patienten individuell gewählt.

So wird etwa ein Arthritispatient, der nichts so sehnlich herbeiwünscht, als in Ruhe gelassen zu werden, mit einem anderen homöopathischen Mittel behandelt als ein Patient, der zwar ebenfalls an Arthritis leidet, aber genug Ruhe hat und Bewegung und Anregung sucht.

Lebenswerter Alltag – auch mit Gelenkproblemen.

In vielen medizinischen Fachgeschäften oder Sanitätshäusern erhalten Sie heute eine große Palette an Hilfsmitteln, die das tägliche Leben erleichtern.

Alltag mit Arthritis – so geht's leichter

Machen Sie das Beste daraus

Menschen, bei denen die Arthritis einige Gelenke außer Gefecht setzen konnte, müssen versuchen, aus ihrer Situation das Beste zu machen. Neben dem alltäglichen Kampf gegen das Fortschreiten der Krankheit müssen sie sich damit zurechtfinden, daß sie in ihrer Bewegungsfreiheit eingeschränkt sind und viele Besorgungen und alltägliche Aufgaben nicht mehr selbst erledigen können.
Zum Glück gibt es eine Reihe von technischen Hilfen, mit denen der Alltag der Patienten wesentlich erleichtert werden kann. Auch die gesetzlichen Regelungen tragen viel zur Absicherung des Lebensstandards bei Arthritiskranken, die nicht in der Lage sind, sich selbst zu versorgen, bei.

Viele kleine Hilfen im Alltag

Oft sind es Kleinigkeiten, die bei schmerzenden oder steifen Gelenken plötzlich zu einem großen Problem werden. So kann z.B. das Auf- und Zudrehen eines einfachen Wasserhahns in der Küche oder im Bad für Menschen mit steifgewordenen Fingern eine schwierige Aufgabe werden. Häufig kann ein Arthritispatient aus solch einem Grund noch nicht einmal seine Tasse Kaffee selbst zubereiten.
Auch die tägliche morgendliche und abendliche Toilette kann bei schmerzhaften Gelenken zum Ding der Unmöglichkeit werden. Das Ein- und Aussteigen aus der Badewanne wird zum halsbrecherischen Kunststück.

Das Tragen der Einkaufstasche, der Umgang mit dem Eßbesteck – an allen Ecken und Enden gibt's Stolpersteine, an denen ein Mensch verzweifeln kann, wenn seine Gelenke nicht mehr mitmachen.
Für Menschen, bei denen die Bewegungsfreiheit eingeschränkt ist, gibt es heute eine Reihe kleinerer und größerer technischer Hilfen, beginnend bei dem Messer, das einhändig geführt werden kann und dabei das Schnittgut fixiert, über einfache Zusatzeinrichtungen in Bad und Küche bis hin zu stabilen Trage- und Gehhilfen.
Das Angebot an Hilfsmitteln ist groß und erleichtert es den Betroffenen, trotz körperlicher Behinderung weitgehend selbständig allen Tätigkeiten nachkommen zu können.

Der Behindertenausweis

Es kommt gar nicht selten vor, daß sich gesunde Mitbürger klammheimlich einen Behindertenausweis wünschen: dann nämlich, wenn es um freie Parkplätze geht.
Nun hat ein Behindertenausweis aber genau den Sinn und Zweck, den Menschen, die an einer körperlichen Behinderung leiden, das Leben im Alltag etwas zu erleichtern. Dazu gehört auch, daß sie keine unnötig langen Fußwege zurücklegen müssen und Anspruch auf einen günstig gelegenen Parkplatz haben, wenn sie Autofahrer sind.
Außerdem haben Behinderte Anspruch auf einen Sitzplatz in öffentlichen Verkehrsmitteln; vielfach erleichtert ein Behindertenausweis auch den Eintritt in ein Arbeitsverhältnis.

Wenn Sie ein Gebrechen haben, sollten Sie nicht zögern und einen Behindertenausweis beantragen. Die Stelle, bei der Sie diesen Ausweis beantragen können, ist von Bundesland zu Bundesland unterschiedlich. Sie können den richtigen Ansprechpartner bei Ihrem zuständigen Sozialamt erfahren (in den »Gelben Seiten« nachblättern).

Wann steht Ihnen eine Rente zu?

Wenn Sie aus gesundheitlichen Gründen nicht in der Lage sind, einem Beruf nachzugehen, haben Sie Anspruch auf eine vorzeitige Berentung. Um eine solche Rente zu bekommen, müssen Sie selbstverständlich einen entsprechenden Antrag

stellen. Den Antrag auf eine Rente wegen Berufsunfähigkeit müssen Sie bei Ihrem zuständigen Rentenversicherungsamt einreichen.
In den meisten Städten gibt es Versicherungsämter, bei denen Sie sich erkundigen können, was Sie unternehmen müssen, um die vorzeitige Rente zu bekommen.
Sie können aber auch direkt bei der Landesversicherungsanstalt (LVA) oder – als Angestellter oder Angestellte – bei der Bundesversicherungsanstalt für Angestellte (BfA) einen Antrag einreichen.
Diese Anstalten haben spezielle Auskunftsstellen, bei denen Sie einen Termin für ein persönliches Informationsgespräch vereinbaren können. Dort kann Ihnen der zuständige Ansprechpartner sagen, was Sie in Ihrer persönlichen Situation erwarten können.

Für wen springt die Pflegeversicherung ein?

Nutzen Sie auf alle Fälle die neuen gesetzlichen Möglichkeiten der Pflegeversicherung! Im Bedarfsfall lassen Sie sich von den zuständigen Stellen beraten.

Menschen, bei denen die Arthritis weiter fortgeschritten ist, sind oft über einen längeren Zeitraum auf fremde Hilfe angewiesen. Nicht jeder hat das Glück, mit fürsorglichen Familienmitgliedern unter einem Dach zu wohnen. Für viele Betroffene ist die Pflegeversicherung eine Hilfe zur rechten Zeit.

Wie kommt man an die Leistungen?

Was muß ein Kranker tun, der Hilfe braucht, die durch die Pflegeversicherung erbracht werden kann?

- Die Pflegeversicherung ist etwas anderes als die Krankenkasse. Trotzdem ist die Krankenkasse die erste Anlaufstelle für alle Menschen, die Leistungen der Pflegeversicherung in Anspruch nehmen wollen. Die Krankenkassen haben nämlich die Papierarbeit, die mit der Pflegeversicherung verbunden ist, übernommen.

- Rufen Sie deshalb bei der zuständigen Zweigstelle Ihrer Krankenkasse an – oder schreiben Sie Ihrer Krankenkasse einen formlosen Brief. Teilen Sie darin mit, welche Hilfe Sie benötigen und warum Sie meinen, die Pflegeversicherung könnte in Ihrem Fall einspringen.
- Wie es dann weitergeht, ist oft von Krankenkasse zu Krankenkasse unterschiedlich. Vielleicht erhalten Sie einen einfachen Fragebogen oder ein Formular, das Sie ausfüllen und an die Krankenkasse zurückschicken sollen. Meistens werden Sie auch aufgefordert, Ihre Kontonummer anzugeben – insbesondere dann, wenn Sie eine finanzielle Unterstützung bei der Pflege (das sogenannte Pflegegeld) beantragen wollen. Sie können aber selbstverständlich auch direkte Hilfe bei der Pflege beantragen.
- Die Krankenkasse wird anschließend einen Gutachter zu Ihnen schicken. Das ist ein von der Krankenkasse unabhängiger Arzt, der dem sogenannten Medizinischen Dienst angehört und Ihre Situation sowie Ihren Gesundheitszustand beurteilen kann. Der Gutachter wird prüfen, ob Sie Anspruch auf Leistungen der Pflegeversicherung haben, und er wird eventuell auch das Ausmaß der erforderlichen Leistungen abschätzen. Aufgrund des Gutachtens entscheidet dann die Krankenkasse, ob Ihnen die beantragte Leistung gewährt wird.

Wenn Sie durch eine chronische Gelenkentzündung behindert werden, sollten Sie sich weder durch falsche Scham noch durch den Papierkrieg mit den Behörden davon abhalten lassen, diejenigen Leistungen einzufordern, die Ihnen zustehen.

Der Grad der Behinderung entscheidet

Ob Sie nun an Arthritis leiden oder ob eine andere Erkrankung zu Ihrer Pflegebedürftigkeit geführt hat, ist für die Entscheidung über die Leistung aus der Pflegeversicherung völlig unwichtig.
Auch Ihr Alter spielt dabei keine Rolle: Für die Entscheidung, ob Sie Anspruch auf eine Leistung haben oder nicht, sind ausschließlich Ihr augenblicklicher Gesundheitszustand und Ihre Pflegebedürftigkeit maßgeblich.

Arthritiskranke Kinder

Besondere Zuwendung ist nötig

Wenn Schulkinder von der Arthritis betroffen sind, ist eine Zusammenarbeit von Eltern, Lehrern, Ärzten, Krankengymnasten und oft auch von Psychologen erforderlich. Die immer wiederkehrenden akuten Arthritisanfälle verhindern häufig die Teilnahme des Kindes am Schulunterricht. Selbst bei besonders begabten Kindern sind dann Lernschwierigkeiten vorprogrammiert.

Bei kürzeren Fehlzeiten kann schon die Hilfe eines Freundes aus der Klasse von großer Bedeutung sein. Das kranke Kind erfährt dann nicht nur die Aufgaben und den Unterrichtsstoff, sondern auch die Neuigkeiten aus dem Klassenverband und bleibt somit auch sozial am Ball.

Doch für das kranke Kind ist es noch wichtiger als für seine gesunden Kameraden, daß es im gewohnten Klassenverband bleibt und nicht sitzenbleiben muß. Es hat ohnehin größere Schwierigkeiten als andere Kinder, Freundschaften zu schließen, weil es nicht an allen Aktivitäten seiner Altersgenossen teilnehmen kann. Ein ständiges Wechseln von Klasse zu Klasse wäre ein zusätzliches negatives Erlebnis für das Kind und würde die Entstehung von Freundschaften unnötig erschweren.

Fehlzeiten ersetzen!

Wenn Ihr Kind arthritiskrank ist: Sprechen Sie mit den Lehrern ab, wie dem Kind am besten die vielen krankheitsbedingten Fehlzeiten ersetzt werden können. Es besteht die Möglichkeit, einen Lehrer ins Haus kommen zu lassen; in manchen Fällen gibt es dafür auch einen finanziellen Zuschuß von den Behörden (beim Sozialamt erkundigen). Es ist wichtig, daß Ihr Kind die Möglichkeit erhält, schulische Erfolge zu sammeln, die ihm beispielsweise beim Sport und in der Freizeit nicht möglich sind.
Auch in den beschwerdefreien Intervallen ist es wichtig, daß das kranke Kind seine Gelenke schont. Wenn das Hüft-,

Steuerliche Erleichterungen

Versäumen Sie nicht, sich nach steuerlichen Erleichterungen zu erkundigen, falls Ihr Kind arthritiskrank ist. Je nach Schwere der Erkrankung kann manchmal auch Pflegegeld angefordert werden. Es ist sicher sinnvoll, sich einer Selbsthilfegruppe anzuschließen – dort können betroffene Familien Erfahrungen austauschen und einander mit Rat und Tat zur Seite stehen.

Knie- oder Sprunggelenk betroffen ist, müssen schon mal Krücken her. Bei längeren Wegen ist es besser, auf das Fahrrad – bei kleineren Kinder auf das Dreirad – umzusteigen, anstatt zu Fuß zu laufen.

Hilfe in Selbsthilfegruppen

Wenn Sie oder ein Mitglied Ihrer Familie an chronischer Arthritis leiden, tun Sie sicherlich gut daran, wenn Sie sich einer Selbsthilfegruppe anschließen. Sagen Sie nicht: »Was soll ich dort, das sind lauter alte, griesgrämige Menschen, dort werde ich nur noch unglücklicher.« Das stimmt nicht. Geteiltes Leid ist halbes Leid, das haben schon viele Menschen festgestellt, die sich mit persönlichen Problemen und Leiden zusammengefunden haben, um den Schwierigkeiten gemeinsam den Kampf anzusagen.

Selbsthilfegruppen helfen nicht nur dem Kranken unmittelbar, sondern entlasten auch seine Angehörigen – was letztendlich allen Betroffenen zugute kommt.

Gemeinsam Mut schöpfen

Allein die Aussprache mit Menschen, die Ähnliches durchmachen müssen wie Sie, ist oft schon eine große Hilfe. Vielleicht finden Sie gute Freunde, mit denen Sie gemeinsame Aktivitäten starten können, bei denen Sie nicht nur Zuschauer sein müssen.

Besonders wichtig ist in Selbsthilfegruppen auch der Informationsaustausch. Nirgendwo sonst erfahren Sie so viele Tips und Tricks, wie Sie den zahlreichen Hürden des Alltags am besten die Stirn bieten können.
Kein Facharzt der Welt hat die vielen kleinen Ideen parat, die ein arthritiskranker Mensch erfindet, um sich das Leben etwas leichter zu machen.

Die besten Tips und Kniffe

In der Selbsthilfegruppe erfahren Sie am ehesten, wo ein besonders erfahrener Bademeister oder Krankengymnast mit »goldenen Händen« zu finden ist; wie Sie am besten Wasseranwendungen zu Hause durchführen; wo Sie preiswert die neuesten technischen Hilfsmittel für den Haushalt erstehen und welche Leistungen Sie bei welcher Behörde beantragen können.

NAKOS hilft Gruppen gründen

Haben Sie keine Angst vor Ihrer eigenen Courage! Sie werden sehen, daß es andere Menschen gibt, die vielleicht dieselbe Idee hatten wie Sie und froh über Ihre Initiative sind.

Sie finden auf der folgenden Seite einige Anschriften, die Ihnen bei der Suche nach einer geeigneten Selbsthilfegruppe weiterhelfen können. Wenn Sie in der näheren Umgebung Ihres Wohnorts keine Selbsthilfegruppe für Arthritiskranke finden – was hindert Sie daran, selbst eine zu gründen? Veröffentlichen Sie einen Aufruf in Ihrem Anzeigenblatt; das kostet nicht die Welt – und Sie werden sehen, wie viele Menschen sich bald melden.
Sie können sich auch bei NAKOS, der Nationalen Kontakt- und Informationsstelle zur Anregung und Unterstützung von Selbsthilfegruppen, erkundigen, wie Sie eine solche Vereinigung gründen und ihren Ablauf organisieren können – diese Organisation unterstützt bundesweit die Entstehung der verschiedensten Selbsthilfegruppen. Die Anschrift von NAKOS finden Sie ebenfalls auf der nächsten Seite.

Wichtige Adressen

Deutsche Arthrosehilfe e.V.
Postfach 11 05 51
60040 Frankfurt/M.

Morbus Bechterew e.V.
Selbsthilfeorganisation
Metzgergasse 16
97421 Schweinfurt

Nationale Kontakt- und Informationsstelle zur Anregung und Unterstützung von Selbsthilfegruppen (NAKOS)
Albrecht-Achilles-Straße 65
10709 Berlin

Bundesarbeitsgemeinschaft des Clubs Behinderter und ihrer Freunde
Eupener Straße 5
55131 Mainz

Deutsche Rheuma-Liga e.V.
Bundesverband
Rheinallee 69
53173 Bonn

Deutscher Behinderten-Sportverband e.V.
Sportschule Wedau
Friedrich-Alfred-Straße 10
47055 Duisburg

Deutsche Arbeitsgemeinschaft Selbsthilfegruppen e.V.
c/o Friedrichstraße 28
35392 Gießen

Rheuma-Forum e.V.
Kontakt-, Informations-, Beratungs- und Unterstützungsstelle verbandsunabhängiger Rheuma-Selbsthilfegruppen
Postfach 1308
71536 Murrhardt

Dachverband des Freundeskreises der Wirbelsäulenerkrankten e.V.
Mainzer Ring 22
34560 Fritzlar

Bundesverband Skoliose Selbsthilfe e.V.
Interessengemeinschaft für Wirbelsäulengeschädigte
Geschäftsstelle
An der Kreuzkapelle 4
41352 Korschenbroich

Deutsche Vereinigung zur Rehabilitation Behinderter e.V.
Friedrich-Ebert-Anlage 9
69117 Heidelberg

Bei den nebenstehenden Adressen bekommen Sie Rat und weiterführende Informationen.

Medizinische Fachbegriffe

Arthritis
Gelenkentzündung

Arthritis urica
Gicht

Arthrodese
Operative Versteifung eines Gelenks

Arthrose
Degenerative Gelenkveränderung (Abnützung, Verschleißerscheinung)

Chondropathie
Krankhafte Veränderung des Gelenkknorpels

Computertomographie
Spezielles, computerunterstütztes Verfahren der Röntgendiagnostik, bei dem der Körper schichtweise dargestellt wird

Endoprothese
Ersatzstück aus Kunststoff oder Metall, das im menschlichen Organismus ein geschädigtes Körperteil (z. B. ein Gelenk) ganz oder teilweise ersetzt

Gelenkpunktion
Mit einer Nadel wird aus einem Gelenk etwas Flüssigkeit entnommen, die dann z. B. auf Bakterien oder Blut untersucht wird

Gonarthrose
Arthrose (Abnützung) des Kniegelenks

Immunsuppressiva
Medikamente, die die Tätigkeit des Immunsystems unterdrücken

Knochenszintigraphie
Untersuchungsverfahren, bei dem eine radioaktive Substanz gespritzt wird, die sich an Stellen mit erhöhtem Stoffwechsel anreichert (z. B. in entzündeten Gelenken)

Kortikoide
Hormone, die in den Nebennieren gebildet werden und u. a. entzündungshemmend wirken

Koxarthrose
Arthrose (Abnützung) des Hüftgelenks

Koxitis
Entzündung des Hüftgelenks

Osteoporose
Erkrankung des Skelettsystems mit Verminderung der Knochensubstanz; es besteht erhöhte Bruchgefahr

Rheumafaktoren
Im Blut mancher Menschen (bei fünf Prozent der Gesunden) nachweisbare Antikörper, die gegen bestimmte Teile des eigenen Immunsystems gerichtet sind (sogenannte Autoantikörper)

Streptokokken
Gattung kugeliger, kettenförmig angeordneter Bakterien, die vorwiegend Eitererreger sind

Synovia
Gelenkschmiere

Zytostatikum
Substanz, vorwiegend chemischer Natur, die die Entwicklung und Vermehrung schnell wachsender Zellen hemmt; wird vorwiegend in der Krebstherapie eingesetzt

Über die Autorin

Dr. Ingeborg Cernaj ist Biochemikerin und Humanbiologin. Die bekannte Medizinjournalistin und Herausgeberin eines umweltmedizinischen Informationsdienstes schreibt über brisante, aktuelle Gesundheitsprobleme unserer Zeit.

Literatur

Bäker, Bernard: Alles über Gelenkerkrankungen. Ehrenwirth Verlag. 4. Auflage, München 1994
Berger, U./Stephan, Dr. E.: Rückenschmerzen wirkungsvoll lindern. Südwest Verlag. 2. Auflage, München 1996
Böhmig, U./Wimpffen, H.-H.: Gelenkprobleme. Orac Verlag. Wien 1990
Cernaj, Dr. I./Cernaj, Dr. J.: Gesund und schön durch Enzyme. Südwest Verlag. 2. Auflage, München 1996
Oberbeil, Klaus: Fit durch gesunde Ernährung. Südwest Verlag. 5. Auflage, München 1996

Hinweis

Das vorliegende Buch ist sorgfältig erarbeitet worden. Dennoch erfolgen alle Angaben ohne Gewähr. Weder Autorin noch Verlag können für eventuelle Nachteile oder Schäden, die aus den im Buch gemachten praktischen Hinweisen resultieren, eine Haftung übernehmen.

Bildnachweis

Alfred Pasieka, Hilden: 21, 76, U4; Botanik- Bildarchiv Laux, Biberach a.d. R.: 79, 83; Das Fotoarchiv, Essen: 59 (Oswald Baumeister); IFA, Taufkirchen: 6 (J. Heron), 52 (Weststock); The Image Bank, München: Titel (Kenneth Redding); Tony Stone, München: 1, 5 (Ken Fisher), 38 (RNHRD NHS Trust), 48 (Zigy Kaluzny), 74 (Thomas Brase), 86 (Zigy Kaluzny); Transglobe, Hamburg: 32 (TWFS), 44, 65 (Jerrican)

Impressum

Lektorat: Dr. Alex Klubertanz
Medizinische Fachberatung:
Dr. med. Christiane Lentz
Redaktionsleitung:
Josef K. Pöllath
Konzeption und Realisation:
Livingston Media
Matthias Müller-Michaelis,
Hamburg
Bildredaktion: Bettina Huber
Produktion: Manfred Metzger
Umschlag: Till Eiden
DTP/Satz: Dr. Alex Klubertanz,
Reiner Löb
Grafisches Konzept:
Christine Paxmann, München
Druck: Color-Offset, München
Bindung:
R. Oldenburg, München
Printed in Germany

Gedruckt auf chlor-
und säurearmem Papier

ISBN 3-517-01801-5

Register